하루 15분,
# 내 아이
# 행복한
# 홈스쿨링

일상을 배움으로 채우는 엄마와 아이의 성장 비법

It's time to play!!!

하루 15분,
내 아이
행복한
홈스쿨링

지에스더

"아이가 6살인데 유치원을 안 다닌다고요? 이 주변에 사는 아이 중에 유치원 안 다니는 애는 얘가 처음이에요."

최근에 첫째 아이와 둘째 아이가 같이 열이 났다. 나는 두 아이를 데리고 집에서 가까운 소아과로 갔다. 의사 선생님이 첫째 아이 상태를 보더니 유치원을 보내지 말라고 말했다. 그래서 나는 대뜸 그랬다. "유치원 안 다니고 집에 있으니 괜찮아요." 내 말을 듣자마자 의사 선생님이 두 눈을 크게 뜨고 나와 내 아이를 봤다. 그리고 놀란 듯한 목소리로, 이 나이면 유치원에 가야지, 6살인데 애가 유치원을 왜 안 다니냐며. 아주 짧은 진료시간이었지만 의사 선생님은 참 많은 말을 했다. "네, 알겠어요." 그 말에 한마디로 대답하고 진료실을 나왔다.

나는 자라면서 늘 다른 사람의 눈치를 보고 살았다. 내가 생각하는 것보다 남들의 평가가 더 중요했다. 어떤 선택을 할 때도 많은 사람이 가는 길을 가려고 했다. 그게 덜 불안하고 안전하다고 생각했으니까. 나와 같이 가는 사람이 많을수록 덜 외롭다고 느꼈다.

그랬던 내가 첫째 아이를 5살 때부터 집에 데리고 있다. 내 주변을 둘러

봐도 6살인데 집에서 노는 아이는 우리 아들뿐이다. 첫째 아이의 어린이집 거부. 그로 인해 나는 많은 사람이 선택하지 않은 길을 걷고 있다. 어느새 다른 사람의 시선보다 내 아이의 선택과 말을 더 중요하게 생각한다. 나는 무소의 뿔처럼 혼자서 꿋꿋하게 나가는 용감한 엄마가 되었다.

"너도 그랬어. 유치원 안 가겠다고 울고불고. 그래서 며칠 못 다니고 그만뒀지."

친정엄마가 들려준 내 어릴 적 이야기. 나는 유치원을 졸업하지 않고 초등학교에 들어갔다. 유치원에 며칠 다니더니 재미없다고 안 가겠다고 많이 울었단다. 그래서 나도 굳이 가기 싫다는 아이를 억지로 유치원에 보내지 않았다. 그냥 집에서 놀게 했다. 우리 엄마처럼 나도 똑같이 하고 있다. 어린이집에 가기 싫다는 아이. 엄마와 집에서 놀고 싶다는 아이에게 그래도 가야 한다며 굳이 설득해서 보내지 않았다.

나는 어릴 때는 실컷 노는 게 남는 거라고 생각한다. 아이는 자유롭게 원 없이 놀면서 클 때 건강하게 자란다고 믿는다. 하지만 깨어있는 시간 내내 마냥 놀게만 하자니 불안하다. '이러다가 우리 아이만 뒤처지는 것 아닌가? 이렇게 놀게만 해도 괜찮을까?' 이런 생각이 찾아오면 아이에게 뭐라도 시켜야 할 것 같다. 그럴수록 나에게 필요한 것은 나만의 육아철학과 내려놓는 마음이다.

나는 아이가 어릴수록 생활에 필요한 기술은 집에서 가르치면 된다고 여긴다. 내 육아는 아이를 '행복한 생활인'으로 기르는 것이다. 그래서 아이가 아주 어릴 때부터 집안일을 가르친다. 책을 읽어준다. 영어를 자연스럽

5

게 들려준다. 다른 사람 손에 아이의 모든 교육을 맡기지 않는다. 어린 아이일수록 재미있어야 몸을 움직인다. 그렇기 때문에 놀이처럼 바꿔서 아이가 반복해 연습하도록 한다. 아이가 하나씩 몸으로 익히도록 돕는다.

인생은 여행이다. 우리는 여행하는 동안 낯선 곳에 간다. 새로운 사람을 만난다. 여행하기 전에 어디에 갈지, 무엇을 먹을지 책과 인터넷을 찾아보며 많은 계획을 세운다. 그렇지만 막상 여행을 떠나보면 계획대로 잘 되는가? 아니다. 오히려 내가 생각한 것과 다르게 흘러갈 때가 더 많다. 이것이 여행의 진정한 맛이다.

육아도 아이와 함께하는 긴 여행이다. 아이가 자라서 건강하게 독립한다는 목적지를 만나기 전까지 아무도 모른다. 어떤 일을 겪을지, 누구를 만날지 알 수 없다. 더구나 어제와 오늘은 다르다. 내일은 어떤 일이 생길까? 나는 같은 공간에 살고 있지만 이 공간도 날마다 바뀐다. 아이들이 보여주는 모습은 늘 새롭다. 그러다 보니 육아야말로 내 계획대로 안 되는 일로 넘친다. 그래서 그때마다 당황하고 좌절하고 놀란다. 하지만 그 안에서 배우는 것이 더 많다. 육아를 하면서 아이가 자라고 엄마인 나도 함께 큰다. 같이 여행하면서 추억이 쌓인다.

이 책은 '홈스쿨링'이라는 이름으로 두 아이와 집에서 노는 이야기다. 아이와 놀면서 아이에게 어떻게 생활에 필요한 기술을 자연스럽게 가르쳐줄지에 대한 이야기다. 초보 엄마로 실수하고 고치고 배워나가는 나를 돌아보는 글이다. 나는 오늘도 아이와 놀면서 나를 만난다. 그리고 깨닫는다. 육아는 내 뜻대로 되는 일이 아니구나. 내가 힘을 더 빼야 두 아이와 사이

좋게 자연스럽게 갈 수 있구나. 모든 순간 내 몸으로 부딪히며 알아간다.

  그러면서 지금 내가 할 수 있는 일을 한다. 톨스토이의 〈살아갈 날들을 위한 공부〉 중 '지금 이 순간'에 나오는 글이다.

> 당신에게 가장 중요한 때는
> 현재이며
> 당신에게 가장 중요한 일은
> 지금 하고 있는 일이며,
> 당신에게 가장 중요한 사람은
> 지금 만나고 있는 사람이다.

  나는 두 아이와 함께 뒹굴 거리며 논다. 집안일을 같이 하면서 놀고 책을 읽어주면서 논다. 영어 노래를 틀어놓고 몸을 움직이면서 논다. 지금 이 순간을 같이 웃고 함께 시간을 보낸다. 다시는 두 아이의 어린 시절이 돌아오지 않는다. 앞날 걱정하고 불안할 시간에 지금 내가 할 수 있는 일을 한다. 그렇게 우리는 오늘도 놀고 또 논다.

2019년 6월

지에스더

**4장**

# 하루 15분,
# 놀면서 하는 홈스쿨링

# 5장

# 행복한 엄마가
# 행복한 아이를 만든다

# 1장

# 엄마,
# 나 어린이집 안 갈래요!

# 01. 어린이집 안 갈래!
# 아이의 독립선언?

"엄마, 나 어린이집 안 갈래요."

"응? 어린이집을 안 가겠다고? 잘 다니다가 왜?"

"어린이집 가기 싫어요."

"어린이집 안 가면 뭐 하고 싶은데?"

"엄마랑 집에서 놀래요."

갑자기 아이가 어린이집을 안 가겠단다. 어린이집을 다니는 지난 2년간 종종 이런 말을 꺼내긴 했었다. 그런데 이번에는 뭔가 심상치 않다. 눈빛에서 결연한 의지가 보인다. 목소리도 예전 같지 않다. 왜 어린이집에 안 가고 엄마와 놀고 싶다고 하는 걸까?

나는 특수학교에서 장애학생을 가르치는 초등특수교사다. 2018년 2월, 둘째 아이 출산을 앞두고 방학을 맞이했다. 1월부터 학교에 출근하지 않고 집에 있게 되었다. 첫째 아이를 낳고 2년 만에 다시 맞이하는 육아휴직이었다. 첫째 아이에게 한동안 엄마가 일하러 가지 않는다는 사실을 이야기해주었다. 그러자 대뜸 아이가 그랬다. '나도 어린이집에 안 가겠다'고. '엄마가 집에 있으니 나도 집에 있겠다'고. 그리고 엄마와 놀고 싶다는 것이었다.

나는 첫째 아이를 24개월까지 키우고 2016년 3월에 복직했다. 아이는 내가 복직하기 한 달 전부터 어린이집을 다니기 시작했다. 물론 더 일찍 어린이집에 보낼 수 있었지만 아이가 아직은 조금 어리다고 생각했다. 최대한 오랫동안 엄마가 데리고 있다가 어린이집을 보내야겠다고 마음먹고 24개월까지는 키웠던 것이었다.

2월에 적응기간을 갖는 동안 아이는 내 생각보다 어린이집을 잘 다녔다. 쉽게 낮잠을 잤고 엄마와 떨어질 때도 크게 울지 않았다. 그래서 나는 복직하고 내가 좋아하는 일을 하며 지낼 생각에 설레었다. 워킹맘 생활이 나를 힘들게 할 거라고 생각하지 않았다.

하지만 웬걸. 3월부터 일하는 엄마의 어려움을 몸으로 깨닫는 시간을 보냈다. 나는 새 학기를 맞이하여 정신이 없었다. 남편도 대학원 공부를 시작하느라 바빴기 때문에 내가 아침에 출근하면서 아이를 어린이집에 데려다주었다. 아침에 집에서 7시 30분에는 나와야 했다. 그래서 아이를 챙겨 어린이집에 데려다주려면 적어도 6시 30분에는 아이를 깨워야 했다. 아이는 졸린 눈을 비비며 엄마가 억지로 먹이는 밥을 먹고 어린이집에 갔다. 아침에 어린이집에 1등으로 도착하는 아이는 항상 우리 아이였다. 퇴근하고 아이를 찾으러 가보면 어린이집에는 1명의 친구가 있거나 내 아이 혼자만 있는 경우가 많았다.

그리고 2주 뒤에 아이가 열이 나기 시작했다. 24개월 키우는 동안에도 아이는 한 번씩 아팠다. 그리고 다들 어린이집을 다니면 아이들이 자주 아프다고 하니 그러려니 했다. 금방 열이 내리고 씩씩하게 어린이집을 다닐 줄 알았다. 그렇지만 내 예상과 달랐다. 9일 동안 아이의 열이 오르락 내리락했고 결국 입원까지 했다.

난 출근해야 했고 남편은 학교에 가야 했기 때문에 아이를 주로 돌보는 것은 친정엄마의 몫이었다. 3월에 복직해서 가뜩이나 정신이 하나도 없는데 입원이라니⋯. 10일 동안 날마다 조퇴를 했다. 병원에서 자고 출근하는 생활은 정말 너무 힘들었다.

퇴원 뒤에도 아이는 툭하면 열이 났다. 갑자기 열이 나는 아이를 맡길 곳이 없어서 두 발을 동동거리기 일쑤였다. 아침에 급하게 연락이 닿은 지인에게 아픈 아이를 맡기며 출근하는 발걸음은 너무 무거웠다. 가슴이 무너져 내렸다. 아이가 아프면 엄마가 옆에서 있어 줘야 하는데 그럴 수 없는 상황에 미안했다. 죄책감이 몰려왔다. '내가 뭐하자고 일을 하는 거지?'

나는 아이를 낳기 전에는 정말 내 일을 좋아했다. 보람도 있었다. 하지만 이제는 내 아이도 제대로 돌보지 못한다는 생각에 너무 힘들었다.

어린이집 첫 학기에 아이는 자주 아팠지만 시간은 지나갔다. 아이는 어느 정도 어린이집에 적응하는 듯했다. 하지만 그건 내 착각이었다. 아이가 어린이집을 가지 않겠다고, 가기 싫다는 말을 종종 하기 시작했다. '1년 정도 다녔으면 어린이집 가는 걸 당연하게 생각해야 하는 것 아닌가?' 여겼지만 아이는 그렇지 않았다. 수시로 어린이집에 가기 싫다고 말했다. 그럴 때마다 아이를 설득했다.

"엄마는 형아, 누나들 가르치는 일을 정말 좋아해. 그리고 엄마가 돈을 벌어야 하민이에게 맛있는 것도 사줄 수 있어. 하민이도 어린이집에서 친구들 만나면 좋지? 엄마도 학교에 가면 좋아. 우리 서로 좋아하는 일 하며 살자."

일하는 엄마는 아이에게 출근할 때 미안해하는 모습을 보여주지 않아야 한다는 글을 읽었다. 나도 그 글에 공감했다. 그래서 늘 '엄마는 일하는 게 좋다, 그게 너에게도 좋은 일이다, 우리 서로 좋은 일을 하자'고 아이에게 말했다. 어린이집은 가기 싫어도 가야 하는 곳이라는 생각을 아이가 갖기를 바랐다. 엄마가 일해야 하는데 어쩌겠는가, 싫어도 가야지. 그리고 아이가 계속 다니며 친구들과 놀다 보면 어린이집을 좋아하게 될 것으로 생각했다.

하지만 아이는 어린이집에 가는 것을 달가워하지 않았다. 잊을만하면 어린이집에 가기 싫다고 떼를 썼다. 이렇게 마음고생을 하다 보니 남편이 둘째 이야기를 할 때마다 둘째 아이는 도저히 못 키우겠다고 말했다. 휴직하고 집에서 애 키우고 복직하고 적응하기를 반복하고 싶지 않았다. 이제 겨우 직장에 다닐만하고 아이도 어린이집에 다니는데 이걸 다시 반복해야 한다고? 하기 싫었다. 더구나 늘 바쁜 남편이라 두 아이를 내가 다 키워야 하는데, 엄두가 나지 않았다.

그런데도 마음 한쪽 구석에서는 '그래도 둘은 키워야 하지 않을까?' 하는 생각이 있었다. 결국 남편의 말을 따르기로 하고 둘째를 임신했다. 나는 둘째 아이를 낳으면 36개월까지 키우고 복직하고 싶었다. 첫째 아이를 보니 36개월이면 정말 많이 자라기에, 왜 책에서 엄마가 아이를 36개월까지 끼고 키우라는지 알 것 같았다. 내 머릿속에는 둘째 아이를 집에서 3살까지 키우고 복직해야겠다는 생각만 있었다. 첫째 아이는 내가 친정에서 몸조리할 동안 어린이집을 잠시 쉬게 하고 다시 보낼 계획이었다. 그랬는데 내 계획과 아이의 반응이 달랐다.

아이가 어린이집을 안 가겠다고 아주 당당하게 말했다. 엄마가 집에 있으니 자기도 집에서 엄마랑 놀겠다고 했다. 말하는 눈빛과 말투가 확고했다. 안 가고 싶다고 말하는 아이의 모습이 훌쩍 자란 사람처럼 느껴졌다. 계획에 없던 일이라 나는 깊게 고민했다. 어떤 선택이 정말 아이를 위한 일일까?

나는 아이가 행복하게 자라기를 바랐다. 아이가 좋아하는 일을 하며 날마다 즐겁게 생활하기를 원했다. 내 아이는 언제 행복하지? 내 행복이 더 중요했고 내가 행복하면 아이도 당연히 행복한 거라고 여겼다. 그래서 아이의 행복을 정말 깊게 고민하지 않았다.

나는 내 아이가 언제 행복한지 진지하게 생각하기 시작했다. 유아기의 아이들은 엄마와 같이 있으면서 엄마의 사랑을 느끼고 자유롭게 놀 때 행복하다. 어릴수록 몸으로 실컷 놀아야 즐겁다. 어린이집에서 자유롭게 놀게 한다고 하지만 아이는 규칙을 따라야 하고 간섭을 받는 분위기를 싫어했다. 내 아이는 어린이집에서 스트레스를 받고 있었다. 아이가 어린이집을 가기 싫은 이유는 분명했다.

2015년 3월 30일 자 EBS 뉴스에서 어린이집에 맡겨진 아이의 코르티솔 농도에 대한 보도가 나왔다. 코르티솔은 스트레스 호르몬이다. 이것은 아침에 가장 높다가 시간이 지나면서 줄어든다. 그러나 어린이집에 있는 아이들의 코르티솔 농도는 줄어들지 않는다. 오후부터 계속 오르다가 집에 돌아가야 비로소 안정된다. 거기에 연장 보육하는 경우는 스트레스가 계속 높아졌다. 친구들이 하나둘 집에 가고 혼자 남아 부모를 기다리는 게 얼마나 힘든지 보여주는 결과였다.

이 방송을 보고 충격을 받았다. '하민이 모습이 그런 것 아닌가?' 나는 아이에게 충분하게 놀 시간과 자유를 주고 아이 스스로 발전시킬 수 있는 경험을 선물하기로 결심했다. 다시 오지 않을 어린 시절에 우리 둘만의 특별한 추억을 만들어가기로 했다. 내 아이의 말을 듣고 선택을 믿기로 했다. 그렇게 우리 둘만의 새로운 여행이 시작되었다.

유아교육의 선구자 몬테소리가 이렇게 말했듯이 말이다.
"자유롭지 않은 분위기에서 아동이 스스로 자신을 발전시키고 유익한 교육을 받는 것은 불가능하다."

# 02. 유치원에
# 안 가도 괜찮을까?

"응애애애애애."

 오늘도 아이의 울음소리로 하루를 시작한다. 4년 만에 다시 시작하는 신생아 육아, 역시 만만치 않다. 밤마다 아이가 수시로 울어대는 통에 잠을 제대로 못 자는 것은 기본이다. 아이가 왜 우는지 몰라 갑갑하다. 화장실 한 번 마음대로 가기 쉽지 않다. 다시는 겪고 싶지 않았던 그 시간을 나는 반복하고 있다.

 한 번 경험했기 때문에 힘들 거라고 마음의 준비는 단단히 했다. 하지만 그게 언제 적 일인가? 벌써 4년 전이다. 나는 첫째 아이가 신생아 때 어떻게 키웠는지 기억조차 나지 않았다. 오랜만에 다시 해보는 신생아 육아는 둘째라고 결코 쉽지 않았다. 친정에서 몸조리했지만, 밤에 자다가 수시로 젖 물리는 일은 내 몫이었다. 아무도 대신할 수 없었다. 어릴수록 자주 먹어야 하니 젖을 먹이고 아이를 돌보면 하루가 금방 지나갔다. 다행히 나는 빨리 적응했다. 내 몸은 아기 키우는 법을 기억하고 있었다.

둘째 아이를 돌보는 일로도 정신이 없는데 첫째 아이는 엄마를 자주 찾았다. "엄마, 이거 봐봐요", "엄마, 나 좀 봐봐요"를 하루에 수십 번 반복해서 말했다. 첫째 아이는 동생이 태어났어도 엄마의 온전한 관심을 원했다. 무슨 일을 하든지 엄마를 찾았고 엄마가 자기만을 바라보기를 바랐다.

하지만 내 몸은 한 개. 주위에 외할아버지, 외할머니가 있어도 아이에겐 엄마의 관심이 더 중요했다. 동생이 태어나면 첫째 아이는 '결혼한 여자가 남편에게 첩이 생기는 것을 본 것과 같은 큰 충격을 받는다'는 말을 들었다. 그래서 아이 마음에 상처가 생기지 않도록 배려하려고 노력했다.

첫째 아이는 종일 아주 자유롭게 놀았다. 하고 싶은 놀이를 하고 놀이터에 가서 엄마와 함께 시간을 보냈다. 한번 밖에 나가면 집에 들어가기 싫어해서 아이를 겨우 집에 데리고 들어왔다. 그동안 제대로 못 놀았던 아이처럼 잠자는 시간 말고는 놀고 또 놀았다. 첫째 아이가 원 없이 노는 모습을 보니 마음이 놓였다.

아이의 입에서 어린이집 이야기는 한 번도 나오지 않았다. 아이는 "어린이집 가고 싶지 않아?" 하고 물어보는 외할아버지, 외할머니의 질문에 대답조차 하지 않았다. 누가 어린이집 이야기를 꺼낸다 싶으면 자리를 피해 다른 방으로 갔다. 아이가 얼마나 어린이집을 가기 싫어했는지 알 수 있었다. 첫째 아이는 내 걱정과 다르게 동생을 맞이하는 큰 변화 속에서 잘 자라고 있었다.

문제는 바로 나였다. 아이가 자꾸 나를 찾을 때마다 내 안에서 짜증이 올라왔다. '내가 왜 이러지?' 싶을 정도로 화가 났다. 당황스러웠다. 아이에게 화내면 안 좋은 걸 아는데, 내 입이 말을 듣지 않았다. 나는 아이에게 화내기, 협박하기, 잔소리하기 3종 세트로 하루를 채웠다. 정말이지 내 입을 꿰매버리고 싶었다.

아이의 잘못된 행동을 보고 너무나 차갑고 냉정하게 바뀌는 내 태도가 제일 큰 문제였다. 아이가 내 말을 안 듣는다 싶으면 0.1초도 안 되어 바로 얼음여왕으로 변신했다. 아이가 나를 불러도 대답하지 않았고 얼굴은 무섭게 굳었다. 아이는 점점 내 눈치를 살피기 시작했다. 밤마다 아이에게 미안하다 사과하고 내 태도가 후회스러워서 울면서 자는 날이 많아졌다. 아이에게 큰 소리 내지 않고 때리지만 않았지 또 다른 폭력을 행사하고 있었다.

둘째 아이 낳기 전에 많은 육아 관련 책을 읽었고, 나름 마음의 준비를 하고 있었다. 첫째 아이에게 동생이 태어났을 때 어떤 일들이 생길지 여러 번 이야기해주기도 했다. 주변에서는 내리사랑이라고 둘째 아이는 그저 예쁘게 보이고, 첫째 아이는 천덕꾸러기가 된다고들 했다. 나는 그 말을 믿을 수 없었다. '이렇게 예쁜 아이가 갑자기 미워진다고? 그게 어떻게 가능하지?' 생각했다. 상황이 바뀐다고 예쁘던 아이가 갑자기 미워진다는 말이 이상했다. 이해가 되지 않았다.

하지만 둘째 아이와 첫째 아이를 함께 키우며 그 말을 온몸으로 이해했다. 첫째 아이가 너무나 내 말을 안 듣고 하지 않아야 하는 행동만 골라서 하는 것 같았다. 자는 동생은 왜 건드리는 건가. 동생이 누워있는 방에서 왜 그렇게 먼지가 풀풀 날리게 뛰는 걸까. 조심해야 한다고 이야기해줘도 변하지 않는 아이의 모습에 한숨이 나왔다. '두 아이 육아를 잘해낼 수 있을까?' 자신감이 점점 사라졌다.

나는 차츰 집에서 두 아이를 다 데리고 있기 힘들었다. 이러다 내가 첫째 아이를 망쳐버릴 것 같았다. 주변에서는 "두 아이를 어떻게 다 데리고 있어? 첫째를 유치원에 보내. 그래야 엄마가 편해"라고 말했다. 혹은 "유치원에 가야 사회성이 자라는 거야. 집에서 엄마가 데리고 있으면 그게 되겠어?"라고 말했다. 나는 흔들렸다. 아이가 집에서 엄마의 협박과 잔소리를 듣는 것보다 유치원에서 친구들과 노는 게 낫겠다고 생각했다.

그래서 아이에게 슬쩍 물어봤다. "하민아, 유치원에 가서 친구들과 노는 게 어때? 집에 있으면 심심하지 않아?" 그랬더니 아이가 말했다. "엄마, 안 가도 된다면서요. 난 안 갈 거예요. 안 심심해요." 아이의 말과 눈빛에서 타협은 없어 보였다. 아이가 이렇게 거부하면 유치원에 보내기 어렵겠다고 생각했다.

나는 갑자기 궁금했다. 많은 엄마가 아이의 사회성을 말하며 유치원에 보내야 한다고 주장한다. 정말 유치원에 가야만 아이가 사회성을 기를 수 있을까? 나는 여러 육아 관련 책들을 찾아보기 시작했다. 그리고 사회성은 유치원에서만 기르는 게 아니라는 것을 깨달았다. 사회성이 좋다는 말은 다른 사람을 존중하고 다른 사람의 마음을 헤아려 배려하는 따뜻한 감성을 지니고 있다는 뜻이다. 아이가 가정에서 자신의 욕구와 느낌을 완전히 이해받았다고 여길 때 사회성이 자란다.

200년 전 저능아로 태어난 아이를 전인적인 교육을 통해 행복한 천재로 키워낸 '칼 비테(Karl Witte, 1748~1831)' 목사는 영재교육의 선구자로 유명하다. 그는 부모가 어린아이 수준으로 내려가서 놀아주면 아이가 훌륭한 사회성을 기를 수 있다고 생각했다. 오히려 아이가 친구들과 놀면서 폭력과 거친 말을 배우는 것을 경계했다. 그래서 어른의 감독 없이 아이가 또래와 놀게 두지 않았다.

아이는 유치원에 가지 않아도 좋은 사회성을 기를 수 있다. 그건 아이가 원하는 대로 아이의 수준에서 엄마와 함께 즐겁게 놀면 되는 것이다. 그리고 칼 비테처럼 내 아이도 한 번씩 교회, 놀이터, 친척들이 모인 자리에서 같이 어울려 놀면 되었다. 내 마음이 가벼워졌다. 나는 다시 주변의 이야기를 따르기보다는 아이의 선택을 믿기로 했다.

많은 사람이 선택하는 방법이 옳은 것은 아니다. 나에게는 내게 맞는 길이 있다. 로버트 프로스트가 〈가지 않은 길〉에서 말한 것처럼 나는 모든 것을 바꾸어 놓을, 남들이 가지 않는 길을 선택하기로 했다.

> 숲 속에 두 갈래의 길이 있었고, 나는–
> 나는 사람들이 적게 간 길을 택했다네.
> 그리고 그것이 모든 것을 바꾸어 놓았다네.
>
> Two road in a wood, and I–
> I took the one less travelled by
> And that has made all the difference.
>
> - 로버트 프로스트, 〈가지 않은 길〉

# 03. 아무것도 시키지 않으면 불안하지 않나요?

"옛날 바닷새가 노나라 서울 밖에 날아와 앉았다. 노나라 임금은 이 새를 친히 종묘 안으로 불러 술을 권하고, 아름다운 음악을 연주해주고, 소와 돼지와 양을 잡아 성대히 대접했다. 그러나 새는 어리둥절해 하고 근심과 슬픔에 잠길 뿐, 고기 한 점 먹지 않고 술도 한 잔 마시지 않은 채 사흘만에 죽어 버리고 말았다. 이것은 자신과 같은 사람을 기르는 방법으로 새를 기른 것이지, 새를 기르는 방법으로 새를 기르지 않은 탓이다."

〈장자〉에 나오는 이야기다. 노나라 임금은 왜 새를 죽게 했을까? 그 이유는 임금이 새를 잘 기르는 방법을 몰랐기 때문이다. 임금은 새가 자라려면 무엇이 필요한지 몰랐다. 그래서 자기에게 좋은 것을 새에게 주었다. 하지만 이것은 새에게 필요 없었다. 결국 새는 죽게 되었다.

나는 육아도 이와 같다고 생각한다. 아이마다 생김새, 성격이 다 다르다. 오죽하면 '한 배에서 나온 자식이라도 똑같지 않다'는 말을 할까. 그렇기에 모든 아이를 같은 방법으로 기르면 안 된다. 아이에 따라 대하는 방법이 달라져야 한다. 부모가 원하는 것을 아무 때나 주는 것이 아니라 아이에게 맞게 주어야 한다. 아이가 원할 때 필요한 것을 주어야 잘 자란다.

정신을 차리고 보니 둘째 아이가 태어난 지 6개월이 지났다. 6개월 동안 한 일은 아이들을 먹이고 씻기고 재우는 것이었다. 4살 차이가 나는 두 아이의 생활은 많이 달랐다. 먹는 음식과 시간, 잠자는 시간, 노는 시간이 모두 달랐다.

첫째 아이는 5살이라 많은 일을 혼자 할 수 있었다. 그래서 첫째 아이는 스스로 하게 하고 둘째 아이를 챙겨주면 될 줄 알았다. 나는 첫째 아이를 믿었다. 하지만 그건 내 착각이었다. 첫째 아이가 변하기 시작했다.

"엄마, 밥 먹여주세요. 엄마, 옷 입혀주세요. 엄마, 토닥토닥 해주세요. 엄마, 이 닦아 주세요." 하나부터 열까지 다 해달라고 했다. 첫째 아이가 동생을 보면 퇴행한다는 말을 들었다. 그래서 상처받지 않도록 주의를 기울였다. '이것도 다 한때'라고 생각하며 원하는 대로 해주었다.

첫째 아이는 6개월 동안 놀고 또 놀았다. 학습지를 하기를 하나, 방문 수업을 받기를 하나, 학원에 다니기를 하나. 이런 활동 없이 그저 온종일 엄마 곁에서 놀았다. 그리고 공부와 거리가 먼 책 읽기와 엄마표 영어를 하고 있었다.

나는 첫째 아이가 13개월 때부터 책을 읽어주었다. 어릴 때는 아이가 시도 때도 없이 읽어달라고 책을 들고 오는 통에 힘들었다. 하지만 5살이 된 뒤로는 읽어달라는 책이 줄었다. 나는 잠자기 전에 읽어주는 1~2권의 책 외에는 읽어주는 책이 별로 없었다. 아이는 자기가 읽고 싶은 책만 골라서 읽었다. 그것도 놀다가 한 번씩 자리에 풀썩 앉아서 읽는 정도였다.

엄마표 영어도 마찬가지였다. 이 또한 첫째 아이가 13개월 때부터 시작했다. 아이는 놀면서 영어 DVD를 봤다. 영어 DVD 보기가 놀이 중 하나였다. 그리고 잠자기 전에 읽어주는 영어책도 아이가 원하는 영어책 1~2권을 읽어주는 정도였다. 첫째 아이가 하는 엄마표 영어는 그저 노는 시간일 뿐이었다.

아이가 원 없이 노는 건 좋은데 뭔가 아쉬웠다. 6개월이 지나니 눈에 보이는 결과가 없었다. '이렇게 놀기만 해도 되는 건가?' 싶었다. 뭔가 하지 않으면 앞으로도 지금과 같겠다고 생각했다. 그래서 이제는 내가 집에서 아이에게 맞는 교육을 해야겠다고 마음먹었다.

유치원에 안 가고 홈스쿨링을 하는 아이들이 궁금했다. 5살 아이들은 무엇을 하는지 알고 싶었다. 그래서 인터넷으로 유아 홈스쿨링을 검색했다. 검색 결과 학습지, 한글 공부, 숫자 공부, 집에서 할 수 있는 교구, 8급 한자들이 나왔다. 깜짝 놀랐다. 많은 아이들이 벌써 학습지로 글자와 숫자를 공부하고 있다니! 눈이 휘둥그레졌다. 이렇게 다양한 전집과 교구를 가지고 배우고 있다니! 유아 홈스쿨링도 사교육 같다는 생각에 씁쓸했다.

한편으로는 내 아이에게 학습과 관련하여 너무 해주는 게 없다는 생각이 들었다. 내 아이와 같은 나이지만 벌써 쓰기를 곧잘 하는 아이도 있었다. 나도 아이에게 뭐라도 해줘야 할 것 같았다. 나는 다른 아이들을 보기 전에 하지 않던 비교를 하게 되었다. 마음이 급해졌다. 내가 봤던 것 중에 하나라도 사서 하라고 주고 싶었다.

나는 어느새 자꾸 뭘 사야 하는지를 검색하고 있었다. 내 아이보다 더 잘하는 아이를 보니 이성이 움직이지 않았다. 내 아이가 괜찮다고 생각했는데… 아이가 남보다 늦다는 생각이 나를 조급하게 만들었다. 내 아이는 남과 다르다고, 아이마다 다 다르다고. 머리로는 알고 있었다. 하지만 평정심을 유지하기 어려웠다.

그러다 문득 불안함, 조급함, 비교하는 마음으로 물건을 사면 안 된다는 생각에 검색을 멈추었다. 나는 책으로 눈을 돌렸다. 아이와 무엇을 하며 하루를 보내야 좋을지, 아이 나이에 필요한 것은 무엇인지, 어떤 능력을 키워주면 좋을지… 교육에 대한 정보를 인터넷 검색보다는 책에서 찾는 것이 더 합리적이라고 생각했다. 많은 사람이 하는 것들을 무작정 따라가기보다는 내 아이의 발달에 맞는 방법을 알고 싶었다.


유아기는 아이의 탐색체계가 상위 뇌와 함께 활발하게 발달하는 시기이다. 이 시기에는 흥미로운 경험을 제공해주어야 한다. 암기와 단순 계산에 초점을 맞춘 교육은 아이들의 창의성 계발에 도움이 되지 않는다. 교사나 부모가 주도하는 학습은 아이들이 스스로 탐색할 여지를 주지 않는다. 또한 아이가 상호작용 놀이를 충분히 하지 못하면 종종 엉뚱한 시간에 뛰어다니며 논다는 연구 결과도 있다.

핀란드에서는 놀이를 통해 탐구하는 학습 기간이 길다. 그래서 핀란드의 아이들은 7세 때에 영국 아이들에 비해 읽기 능력이 뒤진다. 하지만 청소년기가 되면 앞서나가기 시작한다. 이는 시간이 갈수록 탐색체계가 활발해지고 그로 인한 지식욕구가 강해지기 때문이다.

나는 책을 읽고 무릎을 탁 쳤다. 지금 아이에게 필요한 것은 빈둥거리며 몸으로 놀 충분한 시간이었다. 앉아서 공부하고 학습하는 습관을 기르기보다는 놀면서 몸으로 배워야 하는 나이였다. 혼자 자유롭게 놀고 엄마와 웃으며 재밌게 놀아야 할 때였다.

"인생은 경주가 아니다. 누가 1등으로 들어오느냐로 성공을 따지는 경기가 아니다. 네가 얼마나 의미 있고 행복한 시간을 보냈느냐가 바로 인생의 성공 열쇠다"라고 마틴 루터킹은 말했다. 나는 '이러다 내 아이만 뒤처지면 어떡하지?' 하는 생각에 불안했다. 내 아이보다 잘하는 아이를 보니 마음이 갑자기 급해졌다. 하지만 이런 마음이 지금 내 아이를 제대로 보지 못하게 만들었다. 불안, 걱정, 비교, 조급함은 편안한 육아를 방해하는 감정이었다.

나는 지금은 더 이상 아이가 아무것도 하지 않고 마음껏 노는 시간을 불안해하지 않는다. 내 아이보다 잘하는 아이와 비교하지 않는다. 급한 마음에 아이의 발달수준, 흥미, 관심을 고려하지 않은 결정을 하지 않는다. 대신 아이가 생활하면서 필요한 능력을 놀이를 통해 키워줄 것이다. 아이와 깔깔대고 웃고 놀면서 기다리는 교육을 할 것이다. 아이보다 반 발 정도 앞서가는 엄마, 아이와 함께 성장하는 엄마로 살아야겠다고 늘 다짐한다.

# 04. 일하는 게 더 좋으면
# 나쁜 엄마일까?

4시 30분, 퇴근 시간이다. 나는 부리나케 가방을 들고 차로 달려간다. 급한 마음으로 운전하며 어린이집에 간다. 아이가 어린이집을 1등으로 가는 게 안쓰럽다. 그래서 나보다 늦게 출근하는 남편이 아이를 어린이집에 데려다준다. 그러다 보니 아이는 엄마의 얼굴을 보지 못하고 하루를 시작하는 날이 많다.

남편에게 아이가 어린이집에 가기 싫어한다는 말을 들었다. 심지어 울다가 어린이집을 갔다고 했다. 아이에게 미안했다. 어린이집에 가서 아이를 찾는데 같은 반 친구들이 먼저 다 갔단다. 그리 늦은 시간도 아니었는데…. 친구들은 집에 가는데 어린이집을 지키는 아이를 생각하니 또 미안했다.

집에 오기 무섭게 다시 일을 시작한다. 집에 와서 옷을 갈아입고 아이옷도 갈아입힌다. 아이가 어린이집에서 쓴 식판, 아침에 먹고 난 그릇을 씻는다. 가방에 있는 안내문을 빼서 읽는다. 이번 주 금요일에는 현장학습이 있어서 도시락을 보내야 한단다. 도시락을 싸기 위해서 주중에 장을 봐야겠다고 생각한다.

아이가 놀아달라고 말한다. 조금 놀아주니 벌써 저녁 시간이다. 급하게 저녁을 차린다. 아이는 세월아 네월아 밥알을 세어가며 먹는다. 한 시간이 훌쩍 지나간다. 저녁을 먹고 바닥에 있는 빨래들을 모아서 갠다. 엉망진창인 집을 보니 한숨이 나온다.

어느새 9시다. 이제 아이를 재워야 한다. 하지만 아이는 책을 읽어달라며 들고 온다. 아이에게 "이것만 읽고 자자"고 하며 읽어준다. 그렇지만 한 권으로 끝나지 않는다. 읽다 보니 시간이 빠르게 지나간다. 아이는 오늘도 잠자기를 싫어한다. 자꾸 책을 갖고 오거나 딴짓을 하며 논다. 자지 않으려는 아이와 실랑이를 하다가 12시를 넘겨서 겨우 잠을 잔다. '이걸 언제까지 해야 하는 걸까?' 무한 반복하는 일로 피곤하다.

나는 날마다 전투하며 사는 기분이다. 직장과 가정이라는 서로 다른 전쟁터로 나가는 용사가 된 것 같다. 그래도 아침에는 기쁜 마음으로 출근한다. 내가 좋아하는 음악을 실컷 들으며 운전하는 시간이 즐겁다. 나를 붙잡는 육아에서 벗어나게 해주는 출근길이 좋다. 쉴 새 없이 몸을 움직여야 하는 육아보다 커피 한 잔을 여유 있게 마시는 직장이 더 좋다.

오늘도 단단히 마음먹고 집에 출근한다. '아이와 좀 더 놀아줘야지. 아이가 읽어달라고 가져오는 책을 다 읽어줘야지. 잠자기 전에 아이와 실랑이하지 말아야지. 아이가 놀다가 자고 싶어 할 때 자게 해야지'라고 다짐하고 또 다짐한다.

하지만 내 생각과 몸은 다르게 움직인다. 해도 해도 끝나지 않는 집안일. 이미 직장에서 바닥나 버린 내 체력과 인내심. 나는 9시만 되면 졸리다. 나와 반대로 9시부터 밤의 정기를 받는 아들. 결국 오늘 밤도 아이 재우기 전쟁을 치르다 잔다. 울며 잠든 아이의 얼굴을 보니 미안하다.

나는 2007년부터 아이들을 가르치기 시작했다. 첫 아이를 낳기 전 2013년까지 쉬지 않고 일했다. 아이들을 만나면 좋았다. 가르치는 일에 보람도 느꼈다. 아이들의 맑고 환한 웃음이 나를 행복하게 만들었다. 물론 힘들 때도 있었다. 그래도 힘든 날보다 재밌는 날이 더 많았다.

그러다 2014년 2월에 아이를 낳고 2년 동안 집에서만 아이를 키웠다. 나는 자유롭게 돌아다니기를 좋아했다. 하지만 육아는 아이에게 24시간 동안 잡혀있는 생활이었다. 답답했다. 빨리 직장으로 돌아가고 싶었다. 그래서 1년만 키우고 복직하려고 했다. 그러나 아이를 1년 키우고 보니 아이가 어린이집을 가기에는 너무 어렸다. 그래서 휴직을 연장하고 24개월까지 키웠다.

내 아이를 키우다 보니 학교에서 아이들 가르치는 건 일도 아니었다. 육아가 이렇게 힘들 줄 몰랐다. 아이는 낳기만 하면 그냥 자연스럽게 자라는 건 줄 알았다. 그저 아이를 먹이고 재우고 놀아주면 되는 줄 알았다. 그런데 이렇게 많은 인내심과 체력을 요구할 줄이야! 내 아이를 키울수록 장애 아이를 키우는 학부모님들이 더 대단하게 느껴졌다.

엄마는 아이를 36개월까지 키우라고 많은 책에서 말했다. 하지만 첫째 아이를 키울 때 너무 힘들었다. 그래서 24개월까지만 키워도 충분하다고 생각했다. '요즘 워킹맘이 많잖아. 그 아이들은 돌 전부터 어린이집을 가는 걸. 24개월이면 충분하지'라고 생각했다.

나는 아이가 어린이집을 잘 다닐 줄 알았다. 어린이집에서 친구들을 만나고 여러 가지 새로운 활동을 하면 좋아할 거로 생각했다. 아이가 어린이집을 가지 싫어해서 고민하게 될 줄 몰랐다. 아이는 툭하면 열이 났다. 친정과 시댁은 멀었다. 나는 발을 동동 구르며 아이를 맡길 지인을 찾아야 했다. 아이를 남의 집에 맡기며 죄인이 된 기분이었다. 아이가 아플 때 곁에 있어 주지 못한다는 생각에 가슴이 무너졌다. 아이를 온전히 돌봐주지 못한다는 미안함이 항상 가슴 한편에 자리했다.

엄마가 되고 보니 아이에게 이렇게 많이 미안할 줄이야! 아이가 하도 아프니 36개월까지 키워주지 못한 게 미안했다. 나는 요리를 포함한 집안일에 소질이 없다. 집안일이 싫다. 누구라도 집안일을 대신 해줬으면 좋겠다. 그러다 보니 아이에게 맛있는 반찬도 못 만들어줬다. 어릴 때는 엄마가 집에서 여러 가지 반찬을 만들어줘야 한다는데. 요리에 곰손이라 미안했다. 또 아이가 원하는 만큼 책을 읽어줘야 한다는데. 피곤하니 도저히 못 읽어주는 날이 더 많았다. 퇴근하고 아이와 온전히 집중해서 놀아줘야 한다는데. 밀린 집안일을 하다 보면 아이와 놀기는커녕 아이에게 등을 보이는 시간이 더 많았다. 오늘도 많이 못 놀아줬다는 생각에 미안했다. 아이는 자기 싫어하는데 내일 일어나야 하니까 재웠다. 놀고 싶을 때까지 실컷 놀게 하면 좋은데 그렇게 해주지 못해서 미안했다. 아이에게 미안한 일을 꼽자니 한도 끝도 없었다.

(사) 여성·문화 네트워크가 2013년 9월에 전국 3040 워킹맘 1,000명을 대상으로 '워킹맘 고통지수'를 조사했다. 이에 따르면 대한민국 워킹맘 중 73.1%가 고통스러워하는 것으로 나타났다. 특히 5세 이하 자녀를 둔 30대 정규직 워킹맘의 고통지수가 가장 높았다. 나뿐만이 아니라 이 땅에 사는 많은 워킹맘이 아이에게 미안한 마음과 죄책감을 느끼고 있었다. 나는 워킹맘이라서 아이의 어린 시절에 필요한 것들을 적절하게 채워주지 못하고 있다고 생각했다. 그래서 아이가 잘 자라지 못할까 봐 걱정했다.

하지만 워킹맘의 아이가 잘 자라지 못하는 것은 아니다. 엄마가 직장에 다니는 것과 자녀의 정서 건강은 상관없다는 연구 결과가 있다. 워킹맘과 전업맘의 아이 학업성취도도 크게 차이 나지 않는다. 무엇보다 워킹맘이 전업맘보다 40대로 넘어가면 더 건강하다는 연구 결과도 있다. 아이는 24시간 엄마와 함께 붙어있다고 행복한 게 아니다. 짧은 시간을 보내더라도 아이가 엄마의 사랑을 제대로 느끼면 된다.

나는 아이에게 떳떳한 엄마가 되기로 했다. 엄마가 얼마나 좋은 일을 하는지 아이에게 알려주기 시작했다. 집안일은 퇴근 후에 아이와 함께 보내는 시간을 갉아먹는 주범이었다. 그래서 아이를 집안일에 참여시키는 생활로 바꿨다. 아이 혼자 놀라고 하지 않고 같이 집안일을 했다. 워킹맘은 아무래도 전업맘보다 아이와 함께 노는 시간이 부족하다. 그런데 퇴근하고 아이와 함께 집안일을 하니까 놀이 시간이 늘어났다.

나는 밖에서 일하는 게 좋다. 내가 하는 일이 자랑스럽다. 아이도 자라면서 좋아하는 일을 하며 살았으면 좋겠다. 그래서 서로 꿈을 응원해주고 함께 성장하고 싶다. 이 땅의 모든 워킹맘들에게도 말하고 싶다. "우리는 지금 잘하고 있다." 이제는 워킹맘으로 갖는 죄책감을 쓰레기통에 버리자. 우리는 이미 충분히 좋은 사람이고 좋은 엄마다.

# 05. 엄마는 왜 이렇게
# 날마다 흔들릴까?

◀━━━━━━━━━━━━

"육아의 신세계에 온 걸 환영해."

곧 출산을 앞둔 나를 보고 지인이 말했다. '신세계라니? 아이를 낳고 키우는 게 새로운 세계라고 할 정도인가?' 이해가 되지 않았다. 그러나 첫째 아이를 낳자마자 이 말의 뜻을 바로 알아차렸다. 육아는 내가 공부하고 늘 새롭게 적응해야 하는 곳. 지금까지 살았던 환경과 아주 다른 곳이라는 것을.

기저귀를 사기 위해 인터넷을 검색했다. 기저귀 브랜드만 15개가 나왔다. 기저귓값도 조금씩 달랐다. 무엇을 사야 할지 감이 오지 않았다. 그래서 나보다 아이를 먼저 키우는 친구 7명에게 물어봤다. "아이 기저귀 뭐 써? 아이 기저귀는 뭐가 좋아?" 친구들의 답을 받고 또 한 번 놀랐다. 세상에나, 7명 모두 다른 기저귀를 추천해줬다. 기저귀 하나 결정하는 게 이렇게 어려울 줄이야. 하지만 이건 시작일 뿐이었다.

아이가 자라면서 필요한 육아용품 종류가 늘었다. 첫째 아이가 50일쯤 되었을 때 유모차와 카시트를 사야 했다. 나는 여기에서 또 길을 잃었다. 유모차 종류가 휴대형, 절충형, 디럭스형으로 나뉘어 있었다.

이건 도대체 무슨 말이지? 뜻을 몰라서 뜻부터 찾아봐야 했다. 그렇지만 뜻을 봐도 모르겠다. 더구나 3가지 유형마다 많은 유모차가 있었다. 유모차 값은 10만 원부터 100만 원을 훌쩍 넘기까지 차이가 나도 너무 크게 났다. 유모차 하나를 결정하기 위해서 리뷰를 일주일 동안 틈날 때마다 읽었다. 읽으면 읽을수록 더욱 사기 어려웠다. 이렇게 검색만 하다가는 평생 못살 것 같아서 10일 만에 겨우 샀다.

아이 물건을 사는 건 그래도 양반이었다. 실제로 육아는 더 어려웠다. 아이 재우기, 먹이기, 훈육 방법, 교육 방법을 주장하는 내용이 다 달랐다. 어떤 전문가는 아이가 태어나면서부터 책을 읽어주랬다. 다른 전문가는 아이가 조금 커서 읽어주랬다. 누구는 아이 한글도 어릴 때부터 가르쳐야 한다고 했다. 다른 쪽은 너무 일찍 가르치면 안 좋다고 했다. '도대체 무슨 이야기를 따라야 하는 거지?' 나는 종잡을 수 없었다.

아이 발달 시기마다 엄마가 해주면 좋은 일은 왜 이렇게 많은 건지. 나는 걱정했다. '내가 몰라서 아이의 중요한 시기를 놓쳐버리면 어떡하나. 내 아이만 뒤처지면 어쩌나.' 아이에게 남들이 좋다는 건 다 해주고 싶었다. 하지만 이를 쫓아가려니 마음만 바쁘고 힘들었다. 무엇보다 내가 육아를 잘하고 있다는 생각이 들지 않았다.

나는 왜 이렇게 다른 사람들 말에 휘둘릴까? 곰곰이 생각해보니 그 원인은 내 육아 철학이 없었기 때문이었다. 그러면서 내 아이를 남들 눈에 보기 좋게 잘 키우고 싶었던 것이다. 그러다 보니 초보 엄마 시절에는 남들이 좋다고 말하는 것들을 따라가기 바빴다. 하지만 아이가 자라면서 알게 되었다. 다른 사람이 좋다고 말하는 물건과 양육방법이 내 아이에게 맞을 수도 있고, 그렇지 않을 수도 있다는 것을. 정보의 홍수 속에서 내 아이에게 맞는 방법을 스스로 찾아야 한다는 것을.

결국 육아는 부모의 선택이다. 정답이 없다. 다만 가야 할 방향과 수많은 길이 있을 뿐이다. 우리가 다른 나라를 여행할 때 가장 먼저 지도를 살펴본다. 그리고 그곳에 가기 위해 알맞은 방법을 고른다. 아이를 키우는 일도 마찬가지다. 육아 목표, 육아 방향, 육아 방법을 내 아이에 맞게 선택하고 나가면 된다.

그래서 내가 할 일은 육아 철학을 세우는 것이었다. 나는 아이의 행복을 가장 중요하게 생각했다. 그래서 어떻게 행복한 아이를 키울 수 있는지 찾아보기 시작했다. 많은 육아 관련 책을 읽었다. 그러다가 '칼 비테 교육법'을 만나게 되었다.

칼 비테는 아들을 행복한 사람으로 키우려고 했다. 나는 칼 비테 교육법을 만나고 "유레카!"를 외쳤다. 행복한 아이를 키우고 싶은 내 마음과 칼 비테의 교육 철학이 잘 맞았다고 생각했다. 그리하여 칼 비테 교육법을 중심으로 육아 철학을 세우고 방향을 잡아 나갔다.

칼 비테는 아이가 자기 일을 스스로 하도록 키웠다. 그래서 아들이 세 살부터 식탁에 접시를 놓는 간단한 집안일을 돕게 했다. 칼 비테는 아이가 혼자서 할 수 있는 일은 대신해주지 않았다. 칼 비테는 말했다. "난 네가 훌륭한 사람이 되기를 바라는 동시에 기본적인 일상생활에도 충실하기를 바란단다. 머리가 아무리 똑똑해도 생활력이 없는 사람은 아무짝에도 쓸

모가 없어."

이걸 보고 나도 아들을 '행복한 생활인'으로 키워야겠다고 다짐했다. 아이가 건강하게 독립하면 좋겠다고 생각했다. 그래서 아래처럼 육아 철학을 세웠다.

> 하나, 나는 아이를 있는 그대로 사랑한다.
>
> 둘, 나는 아이의 선택을 존중한다.
>
> 셋, 나는 아이가 건강하게 독립하도록 키운다.
>
> 넷, 나는 아이의 교육을 사교육에 모두 맡기지 않는다.

육아 철학이 세워지자 이에 맞게 활동을 어떻게 하면 좋을지 그려졌다. 육아 철학이 있을 때와 없을 때의 차이는 컸다. 확실한 육아 철학이 생기자 비로소 육아에 자신감이 생겼다. 그러면서 주변 사람들 이야기에 전보다 덜 흔들렸다. 나는 아이가 내 것이 아닌 완전히 독립적인 인격체임을 늘 떠올렸다. 흔들릴 때마다 나의 육아 철학을 되새겼다. 그리고 칼릴 지브란의 《예언자》 중 '아이들'이란 시를 읽었다. 오늘 이 시를 읽으면서 흔들리는 내 마음을 자세히 살펴보자. 그리고 나만의 육아 철학을 만들자. 이 육아 철학을 가지고 드넓은 육아 세계에서 단단하게 뿌리를 내리면 어떨까?

그대들의 아이는

그대들의 아이가 아닙니다.

아이들은 스스로를 갈망하는

저 위대한 생명의 아들딸입니다.

아이들은 그대들을 통해서 왔지만,

그대들로부터 온 것이 아닙니다.

아이들은 그대들과 함께 있지만,

그대들의 소유가 아닙니다.


그대들은 아이들에게 사랑을 줄 수는 있지만,

그대들의 생각까지 줄 수는 없습니다.

그들에겐 그들의 생각이 있기 때문입니다.

**- 칼릴 지브란, <예언자> 중 '아이들'**

하루 15분, 내 아이 행복한 홈스쿨링

# 06. 사교육이 내 아이를
## 행복하게 해줄까?

체감온도 영하 10도를 밑도는 강추위가 기승을 부린다. 얼굴에 닿는 바람이 차갑다. 이렇게 추운 날에도 엄마들은 저마다 유모차를 끌고 아기 띠를 매고 어딘가로 향한다. 아무리 추운 날씨도 이들을 막을 수 없다. 그들은 어디로 가는 걸까? 바로 문화센터에서 하는 영아놀이와 오감발달 수업에 참여하기 위해서이다.

"너 문센(문화센터) 뭐 다녀?"

어린아이를 키우는 또래 엄마들이 서로 묻는 질문이다. 나도 지인들에게 이런 질문을 자주 받는다. 나는 두 아이를 키우면서 문화센터에 다닌 적이 없다. 시간에 맞춰 챙겨 나가는 일이 너무 피곤하기 때문이다. 하지만 많은 엄마들이 그 피곤함을 감수하고 문화센터에 간다. 문화센터에서 준비하는 멋진 프로그램 이름을 듣다 보면 가지 않을 수 없다. 베이비마사지, 베이비수영, 영어놀이, 음악놀이, 아기 스포츠클럽, 동화 구연, 오감발달프로그램 등.

'베이비마사지'는 아이의 사회성, 면역력, 지능지수를 높여준다고 한다. 생후 6개월의 아기도 들을 수 있는 프로그램이다. 최근에는 여기에 100일된 아기를 데리고 오는 엄마도 심심찮게 볼 수 있을 정도란다. 사교육이 어느새 0세까지 내려왔다.

지인들 SNS나 프로필 사진을 봐도 그렇다. 아이가 문화센터에서 노는 모습을 찍은 사진이 올라온다. 엄마가 워킹맘이어서 할머니가 어린 손자를 문화센터에 데리고 다니는 지인도 있다. 이제는 어린이집을 가기 전에 아이들이 문화센터에 간다. 문화센터−어린이집−유치원이 취학 전 교육의 큰 흐름으로 자리 잡았다.

엄마들은 왜 이렇게 어린 아기들을 데리고 문화센터에 다니는 것일까? 엄마들은 아이를 키우며 아주 큰 변화를 겪는다. 아이와 집에 24시간 있다 보면 그동안 유지해왔던 대인관계부터 끊긴다. 밖에서 친구를 만나기 어렵고 남편은 집에 없다. 소통할 사람이 점점 줄어든다. 만날 사람이 없으니 외롭다.

두 다리를 뻗고 편하게 자던 때는 언제인지 기억이 가물가물하다. 늘 수면 부족, 만성 피로, 근육통에 시달린다. 밥도 제때 편하게 앉아서 먹을 수 없다. 밥이 코로 들어가는지 입으로 들어가는지 알 수 없다. 씹어 삼키기보다는 후루룩 마시는 수준이다. 화장실도 맘대로 못 간다. 제대로 씻지도 못한다. 그러다 보니 '독박육아, 전투육아, 헬육아'로 육아를 표현하기도 한다.

하루 15분, 내 아이 행복한 홈스쿨링

이런 상황 속에서 문화센터는 엄마들에게 좋은 곳이다. 엄마는 집에서 아이랑 있으면 답답하고 외롭다. 아이도 심심해하는 것 같다. 좋은 시설과 집에서 해줄 수 없는 여러 가지 프로그램이 있는 곳. 문화센터에 아이를 데려가지 않을 이유가 없다. 그래서 조리원 동기들과 함께 문화센터를 다니는 문화도 생겼다. 문화센터는 어느새 엄마들이 기분 전환을 하는 곳으로 바뀌었다.

그런데 이로 인해 사교육을 시작하는 시기도 빨라지고 있다. 0세부터 시작한 사교육은 아이가 대학을 가기 전까지 끝나지 않는다. 우리나라는 학교(1만 84개)보다 학원(16만 2,441개)이 16배나 많다. 2014년 한국교육계발원에서 조사한 초·중·고교 학생의 사교육 참여율을 보면 만 3세 이상 아이 99.8%, 초등학생 88.8%, 중학생 74.6%, 고등학생 55%로 평균 68.6%다. 아이는 2~6개 학원을 다람쥐 쳇바퀴 돌듯 순례한다. 학교를 마치고 영어학원, 수학학원, 태권도학원, 피아노학원, 미술학원을 간다. 집에 돌아와서는 학교 숙제, 학원 숙제, 한자, 중국어 공부까지 해야 한다. 아이는 쉴 틈 없이 바쁜 하루를 보낸다. 이렇게 어릴 때부터 많은 사교육을 받고 자란 아이들은 어떨까? 행복할까? 공부가 재미있을까?

연세대 사회발전연구소가 2016년 전국 초등학교 4학년부터 고등학교 3학년까지 7,900여 명을 대상으로 조사한 결과, 우리나라 어린이와 청소년 주관 행복지수는 OECD 22개 회원 나라 중 꼴찌였다. 더 충격적인 사실은 자살 충동을 경험한 적 있다고 답한 비율이 초등학생 17.7% 중학생 22.6% 고등학생 26.8%에 달했다.

그럼 아이들은 왜 이렇게 행복하지 않다고 말하는 걸까? 가장 큰 원인은 '학업 스트레스'다. OECD 29개 나라 중 우리나라 학생들의 학업 스트레스는 1위다.

아이들은 가정에서 부모와 좋은 관계를 맺을 때 행복하다. 연세대 사회발전연구소에서도 행복의 조건으로 화목한 가정을 꼽았다. 그리고 부모와 관계가 좋을 때 아이들의 자살충동이 줄어든다고 설명했다.

사람이 언제 행복한지 긴 시간 동안 연구한 결과가 있다. 하버드대학교에서 1937년부터 시작한 '그랜트 연구'라 불리는 프로젝트다. 연구의 주제는 '무엇이 사람을 행복하게 만드는가?'이다. 이를 밝히기 위해 긴 시간 철저하게 자료를 모아서 연구를 했다.

그들은 하버드 대학생 286명을 모집했다. 모두 백인 남성이었고 겉보기에 정서가 안정된 사람들이었다. 거의 75년 동안 대상자들은 5년마다 건강진단을 받았다. 15년에 한 번씩 직접 인터뷰를 했고 한 해에 걸러 한 번씩 질문지에 응답했다. 수십 년 동안 연구한 결과, 그들이 내린 결론은 이렇다. "삶에서 정말 중요한 한 가지는 다른 사람들과 관계이다."

이오덕의 동시집 〈별들의 합창〉에서 나오는 초등학교 4학년 학생이 쓴 시가 있다.

내가 학원을

밤 일곱 시에서 아홉 시까지 해서

마치고 오는데

별이 있나 없나

하늘을 보면서 터벅터벅 걸어간다.

집 가까이 가는데

현호가 있어

함께 한 바퀴 또 돌고

외로운 길은 두 번 간다.


**- '외로운 길'**


학원을 마치고 밤 9시에 집에 들어가는 아이. 친구를 만나 동네 한 바퀴를 더 돌고 가는데 가는 길이 외롭다. 아이들은 지금 학교나 학원에서 과도한 학업 스트레스를 받는다. 학원을 도는 생활로 자유롭게 노는 시간은 턱없이 부족하다. 집에 가도 부모와 이야기를 나누는 시간이 짧다.

사교육은 아이를 똑똑하게 해줄 수 있다. 공부 잘하는 아이로 만들 수 있다. 하지만 그로 인해 받는 지나친 학업 스트레스는 오히려 공부 본래의 즐거움을 빼앗아간다.

아이는 언제 즐거울까? 남이 시키는 일이 아니라 자기가 하고 싶은 일을 할 때 재미있다. 그러려면 충분하게 놀 시간, 여유 있게 멍 때리는 시간, 생각하는 시간이 필요하다. 하지만 사교육으로 하루를 채우는 아이에게는 이런 시간이 없다. 이제 잠시 멈추고 생각해보자. 지금 아이가 하는 사교육은 아이가 원하는 일인가? 사교육이 정말 내 아이를 행복하게 만들어줄까? 아이의 진짜 속마음은 어떤지 가만히 들여다보자.

# 07. 나는 단순하게
# 살기로 했다

"행복의 비결은 더 많은 것을 찾는 것이 아니라 더 적은 것으로 즐길 수 있는 능력을 키우는 데 있다."

- 소크라테스

요즘 많은 사람들이 '미니멀라이프'에 관심이 있다. '미니멀라이프'는 단순한 생활 방식을 말한다. 이 삶은 내가 가진 물건 중에서 불필요한 물건을 줄인다. 내가 하는 일에서 필요 없는 일을 줄인다. 지금 가진 것에 만족하며 산다. 물건을 적게 가지면 생활이 단순해진다. 이로써 마음과 생각이 정리되고 오히려 삶이 더 풍요로워진다는 생활 철학이다.

나는 첫째 아이를 낳고 끊임없이 물건을 샀다. 지금 아이에게 좋다는 물건, 아이에게 필요하다고 생각하는 물건을 많이 샀다. 휴직 중이었기 때문에 조금 더 아끼겠다는 생각으로 중고로 사들였다. 그러면서 절약하고 있다고 생각했다. 아이가 자랄수록 20평 집은 점점 아이 물건으로 넘쳐나기 시작했다.

친구가 아이 돌 선물로 무엇이 필요하냐고 물었을 때, 나는 미끄럼틀을 해달라고 했다. 내가 왜 그랬을까. 가뜩이나 아이 물건으로 발 디딜 틈이 없는 집이었는데…. 작은 방 한쪽에 커다란 미끄럼틀을 놓고 나니 집이 더 좁았다. 남편은 왜 이렇게 큰 물건을 받았냐고 했다. 아이에게 미끄럼틀이 얼마나 좋은데. 그걸 모르는 남편이 야속했다.

집에 물건이 늘어날수록 내 할 일은 더 많아졌다. 청소 시간이 늘었다. 안 쓰는 물건이 쌓였다. 치워도 집은 깨끗하지 않았다. 집 크기에 비해 너무 많은 물건을 짊어지고 있어서였다.

나는 쓸모없는 물건을 버려야겠다고 마음먹었다. 이렇게 살다가는 온갖 물건에 눌려서 숨을 못 쉴 것 같았다. 그래서 필요 없는 것들을 하나씩 버리기 시작했다. '지금은 안 쓰지만 나중에 필요할 거야'라는 생각으로 집에 쌓아두었던 물건들을 없앴다. 내가 만져보았을 때 설레는 것만 남겼다. 공간이 조금씩 늘어났고 그럴수록 내 마음이 편안해졌다.

버려야 하는 것은 물건만이 아니었다. 버려야 할 습관도 있었다. 집 안 정리는 물건을 버리는 일에서 시작했다. 그런데 물건을 버릴수록 내 삶 전체를 힘들게 하는 습관을 버리는 일이 더 중요하다는 것을 깨달았다. 미루는 습관, 남과 비교하는 습관, 내 돈을 쓰는 데 남의 시선을 더 마음 쓰는 습관들은 생활에 필요 없었다.

그러면서 육아 세계야말로 단순한 삶이어야 한다는 것을 깨달았다. 미니멀라이프를 넘어 미니멀 육아를 해야겠다고 생각했다. 그래서 꼭 필요한 일만 하고 정말 있어야 하는 물건만 사기로 했다.

"네 마음속의 네 생명을 이루는 네 안에 있는 그것은 이미 알고 있어. 우리들 마음속에는 모든 것을 알고 모든 것을 원하고 우리들 자신보다 모든 것을 더 잘해내는 누군가가 들어있어. 그 사실을 인식하는 것이 너에게 도움이 될 거야."

〈데미안〉에 나오는 말이다. 내 마음속에는 나침반이 있다. 내가 행동을 결정할 때 방향을 정해주는 도구이다. 이것은 지금 물건을 사야 하는지, 말아야 하는지, 지금 이 일을 해야 하는지, 안 해야 하는지를 알려준다.

나는 초보 엄마 시절에 이 나침반을 신뢰하지 않았다. 내가 부족하다고 생각했다. 그래서 나보다 나은 사람들의 말을 따랐다. 내 안에 떠오르는 감을 무시했다. 나에게는 무슨 일을 할 때 좋은지 나쁜지를 알 수 있는 느낌이 있었다. 그렇지만 이것을 믿지 않았다.

그러나 아이가 자라면서 남들 말을 따라가는 게 얼마나 힘든 일인지 알았다. 무엇보다 내 마음의 소리, 나침반에 귀를 기울이는 것이 중요하다는 것을 깨달았다. 다른 사람의 말보다 내 안에 있는 소리를 믿어야 한다는 것을 말이다. 내가 소중하다고 생각하는 가치관을 따르기로 했다. 내 안에 답이 있었다.

더구나 아이를 집에서 데리고 있겠다고 결정한 뒤로는 내 가치가 더 중요했다. 왜냐하면 많은 사람이 가는 길과 다른 선택을 했기 때문이다. 그렇기에 내가 정말 중요하게 생각하는 방향에 따라 결정해야 한다고 여겼다.

내 육아 목표는 아이가 '행복한 생활인'으로 자라는 것이다. 이를 위해서

네 가지 육아 철학을 만들었다. 그리고 생활 양식을 '단순하게 사는 삶'으로 정했다. 내가 중요하다고 생각하는 것만 해야겠다고 다짐했다.

'아이가 행복한 생활인으로 자라려면 무엇을 해야 할까?'를 생각했다. 내 안에서 세 가지가 떠올랐다. '집안일, 책 읽기, 엄마표 영어'였다. 책 읽기와 엄마표 영어는 계속했던 일이라 특별히 더할 것이 없었다.

나는 아이가 18개월 때부터 집안일을 조금씩 하게 했다. 워킹맘일 때도 집안일을 할 때 아이를 많이 참여시켰다. 하지만 그 안에는 체계가 없었다. 그래서 홈스쿨링을 하게 되면서 아이가 초등학교 들어가기 전까지 집안일을 스스로 하게 제대로 가르치기로 마음먹었다.

홈스쿨링을 계획할 때 아이가 자유롭게 노는 시간을 가장 많이 두었다. 그리고 그사이에 오늘 해야 할 집안일, 책 읽기, 엄마표 영어를 끼워 넣었다. 집안일은 주먹구구식으로 가르치면 안 되겠다고 생각했다. 그리하여 정리하기, 버리기, 기계 써보기, 돈에 대해 가르치기로 주제를 나눠서 조금씩 알려주었다. 무엇보다 아이가 집안일을 재밌게 느끼면서 반복하도록 놀이처럼 만들었다.

"우리의 불행은 대부분 남을 의식하는 데서 온다"고 쇼펜하우어가 말했다. 나는 너무 좋은 물건을 사야겠다고 검색하는 시간을 줄이기로 했다. "그냥 좋은 것도 완벽한 것만큼 좋다. 완벽한 것을 찾으려고 좋은 것들과 싸우지 마라"는 볼테르의 말을 기억했다.

부모로서 내 아이에게 가장 좋은 것을 사주고 싶다는 마음은 당연하다. 그래서 물건을 살 때 주변 사람의 조언을 구한다. 인터넷 후기를 검색해 본다. 그렇지만 어딘가 한, 두 가지 마음에 안 드는 구석이 늘 있다. '가장'

좋은 것을 사려고 했던 것이 문제다.

가장 좋은 것이 완벽한 물건이라는 생각에서 벗어나야 한다. 먼저 물건을 살 때는 검색하기 전에 정말 나에게 필요한지를 물어본다. 지금 내 아이에게 꼭 있어야 하는 물건이라고 여기면 딱 3개까지만 살펴보고 산다. 중고를 검색할 때에도 3개만 보고 거기에서 고른다.

물건을 살 때는 제 값을 주고 산다. 더 싼 것을 찾기 위해서 시간을 쓰지 않는다. 현금으로 살 수 있는 충분한 돈을 모으고 그 안에서 알맞게 쓴다. 싼 물건을 찾으러 이 집, 저 집 다니거나 검색할 시간에 충분히 쉰다. 체력을 기르기 위해서 운동을 한다. 나와 아이의 건강을 위해서 아이와 함께 요리하며 집밥을 먹는다.

나는 육아의 8할은 체력이라고 생각한다. 잘 먹고 잘 자고 틈틈이 운동하면서 체력관리를 해야 한다. 내 몸 상태가 좋으면 아이의 실수에도 더 너그러워지는 나를 만난다. 나는 이제 내 생활을 좀 먹는 습관을 버린다. 그리고 중요하다고 생각하는 일에만 집중한다. 나머지는 가지치기하고 마음을 쓰지 않는다. 모든 것을 내가 중요하게 생각하는 가치에 따라 결정한다. 〈데미안〉에 나오는 말처럼 내 삶을 다른 사람에게 맡기지 않는다.

"사람은 누구 앞에서든지 다른 사람을 두려워할 필요가 없어. 그런데도 누군가 두렵다는 건 나를 다스리는 힘을 타인에게 맡겨 버렸기 때문이야."

# 아이와 행복한 하루, 어떻게 보내지?

# 01. 24시간
# 처절한 독박육아

한밤중. 아이는 오늘도 큰 소리로 목이 터져라 울어댄다. 나는 우는 아이를 등에 업는다. 그리고 현관문을 열려고 손잡이를 잡는다. 내가 문고리를 잡는 순간 아이가 울음을 멈춘다. 나는 아이를 업은 채 아파트 복도를 왔다 갔다 걷는다. 밤하늘에 별이 보인다. 별을 쳐다보는 내 눈에서 눈물이 주르륵 흘러내린다.

첫째 아이는 아주 예민한 아이였다. 특히 밤에 잠을 잘 자지 않았다. 밤에 잘 자는 아이가 부모에게 얼마나 큰 복인지 뼈저리게 깨달았다. '통잠(잠에 깨지 않고 쭉 자는 잠)'을 자는 다른 집 아이가 부러웠다. 내 아이는 왜 이렇게 자주 깨는지. 밤에 제대로 못 자니까 늘 피곤했다.

나는 밤마다 아이를 돌보는 게 너무 힘들었다. 아이가 여러 번 깨서 우는데 코를 골고 자는 남편을 보면 신기했다. '애가 이렇게 우는데 어떻게 잘 수 있지?' 남편은 나와 다른 세상에 사는 것 같았다. 아침에 물어보면 아이 울음소리가 들리지 않았단다. '아이가 엄청 크게 우는데 안 들린다고?' 나는 믿을 수 없었다. 남편이 거짓말을 하는 것 같았다.

아이 재우기, 먹이기, 놀아주기, 기저귀 갈아주기를 반복하며 하루를 보낸다. 단순한 일이다. 하지만 하루 동안 혼자서 다 해내려면 강철 체력이 필요하다. 더구나 낯가림이 심한 시기에는 유독 엄마에게만 붙어있으려고 해서, 이때부터는 화장실 한 번 제대로 가기 어렵다. 엄마가 눈에 보이지 않으면 우니까 화장실 문은 늘 열려있다. 씻는 것은 말할 것도 없다. 남편이 있을 때나 겨우 씻는다. 그것도 아주 짧은 시간에 빠르게 씻어야 한다. 안 그러면 씻는 동안 울음소리를 계속 들어야 한다. 우는 소리가 듣기 싫다. 아, 아무도 없는 곳으로 도망가고 싶다.

아이 분유와 이유식은 제때 먹인다. 하지만 내 몸은 잘 챙기지 않는다. 냉장고에 있는 김치를 꺼내 대충 먹는다. 어떤 날은 아이를 업고 밥을 먹는다. 밥을 먹는 건지 마시는 건지 모르겠다. 끼니를 놓칠 때도 많다. 밥 한번 제시간에 먹기 어렵다. 늘 엄마에게 붙어있으려는 아이를 돌보며 하루가 어떻게 가는지 모르겠다. 육아가 이렇게 힘들 줄이야. 날마다 월요일만 반복하는 기분이다. 직장 다닐 때는 늘 주말을 기다렸는데…. 출근 시간과 퇴근 시간이 따로 없다. 24시간 동안 나 혼자서 다 해내려니까 버겁다. 가만히 있어도 눈물이 난다.

끝날 것 같지 않은 24시간 독박육아. 이것도 아이가 자라면서 조금씩 나아졌다. 한 살, 두 살, 세 살. 아이가 나이를 먹을수록 엄마가 붙어있어야 하는 시간이 줄어들었다. 육아가 좀 편해졌다. 이제 살만하다고 생각했을

2장_아이와 행복한 하루, 어떻게 보내지?

때 다시 돌아가고 싶지 않은 시기를 또 보내게 되었다.

하지만 둘째 아이를 키울 때는 달랐다. 첫째 아이를 혼자 키울 때는 너무 힘들었는데 둘째 아이는 그렇지 않았다. 둘째 아이가 첫째 아이보다 순하긴 했다. 아이는 100일부터 통잠을 자기 시작했다. 그리고 잘 먹고 잘 놀았다. 처음에는 아이가 순해서 육아가 수월해졌다고 생각했다. 그러나 돌아보니 내가 바뀌어 있었다. 첫째 아이와 둘째 아이의 육아를 대하는 내 태도와 행동이 달랐다. 첫째 아이를 키울 때는 뭐든지 무섭고 두려웠다. 걱정도 많이 했다. 뭘 해도 조심스러웠다. 하지만 둘째 아이를 키울 때는 내 안에 여유와 편안함이 있었다. 조금 부족해도 '에이 뭐 어때, 이 정도면 괜찮지' 하며 툴툴 털고 일어났다.

사자를 본 적 없는 여우가 어느 날 우연히 사자와 마주쳤다. 사자를 처음 봤을 때 여우는 놀라 죽을 뻔했다. 두 번째 만났을 때도 무서웠으나 첫 번째 만났을 때만큼은 무섭지 않았다. 그러나 세 번째로 봤을 때 여우는 용기를 내어 사자에게 다가가 말하기 시작했다.

〈이솝우화〉에 나오는 이야기이다. 두려움은 내가 그 일을 경험하지 못할 때, 내가 잘 알지 못할 때 오는 것이다. 하지만 익숙해지면 더 이상 두렵지 않다. 아이를 키우는 일도 그렇다. 첫째 아이를 기를 때는 모든 것이 새롭고 모르는 세계였다. '내가 아이를 망치는 것 아닐까?' 하는 생각에 무서웠다.

그러나 아이가 가진 생명력은 강하다. 엄마가 부족하더라도 아이는 자기 삶을 산다. 엄마가 조금 못 해줘도 아이는 잘 자란다. 내가 모든 것을 다 채워주고 싶지만 그럴 수 없다. 그건 내 욕심일 뿐이다. 첫째 아이를 키울 때는 잘 기르고 싶은 마음만 가득했다. 그렇지만 둘째 아이를 키울 때는 내가 못하는 것을 잘해주려고 애쓰지 않는다.

처음에는 아이 하나 키우는 일만으로도 너무 버거웠다. 나 혼자서 육아를 한다는 생각에 억울했다. 남편은 있어도 도움이 안 된다고 보았다. 남편이 알아서 척척 해주면 좋은데 그렇지 않았다. 나는 남편에게 불만만 가득했다.

문제는 내 안에 있었다. 나는 슈퍼우먼이 되려고 했다. 그렇지만 될 수 없었다. 내가 할 수 없는데 억지로 하려고 하니 일을 어렵게 만들었다. 너무 마음만 앞서면 일을 잘할 수 없다. 육아야말로 과한 힘과 욕심을 빼야 자연스럽게 갈 수 있다.

나는 24시간 처절한 독박육아에 대한 생각을 바꿨다. 24시간 독박육아는 바로 나를 온전하게 키울 수 있는 시간이었다. 엄마로 가장 많이 성장할 수 있는 소중한 때였다. 내가 어떻게 마음먹고 행동하느냐에 따라 달라지는 것이었다.

'처절한 독박육아'를 '철저한 독빡육아'로 바꿨다. '철저하게, 독하게, 빡세게' 나를 바꾸고 성장하는 시간을 보내는 것이다. 좋은 엄마가 되기 위해서 책을 많이 읽는다. 그러나 책만 읽는 것에서 멈추지 않는다. 한 가지라도 배울 것을 정하고 내 것이 될 때까지 연습한다. 나를 바꾸는 살아있는 책 읽기를 하는 것이다.

체력이 좋아야 아이를 키울 수 있으니 운동한다. 헬스장에 갈 시간이 없으니까 집에서 유튜브를 보고 한다. 건강한 몸을 위해 집밥을 먹는다. 요리에는 곰손이더라도 자주 하는 음식은 척척 만들 수 있다. 집안일을 혼자 하지 않고 첫째 아이를 가르쳐서 같이 한다. 남편은 집에 없지만 든든한 첫째 아이가 내 옆에 있다. 둘이 같이 놀면서 집안일을 하니까 재미있다. 집도 전보다 깨끗하다.

나는 더 이상 남들 따라간다고 나에게 안 맞는 옷을 입지 않는다. 내 욕심으로 나를 몰아세우지 않는다. 내가 못 해주는 일로 아이에게 죄책감과 미안함을 갖지 않는다. 나와 내 아이가 건강하게 자랄 수 있는 편안한 육아를 한다.

지금 아이 옆에서 보내는 시간은 내가 번데기로 머무는 때이다. 〈꽃들에게 희망을〉에 나오는 애벌레처럼 말이다. 나는 나비가 되기 위해 준비 중이다. 경쟁 속에 있던 두 애벌레. 남들이 다 가니까 그저 위로 올라가기 바쁘다. 그러다 둘이 만나 사랑한다. 경쟁 세계를 벗어난다. 하지만 한 애벌레는 다시 힘들었던 그곳으로 돌아간다. 혼자 남은 애벌레는 나비가 되려고 준비하는 번데기를 만나 자신도 나비가 될 수 있음을 알게 된다. 그래서 번데기가 되고 결국 나비로 변하여 훨훨 날아다닌다. 나비가 된 뒤에 사랑했던 애벌레를 찾아간다. 그리고 너도 나비가 될 수 있음을 알려준다.

번데기와 같은 '독빡육아'의 시간을 보내고 난 뒤에 비로소 나비로 바뀔 수 있다. 나는 아이들에게 희망을 주는 엄마가 되고 싶다. 두 아이는 나비가 된 엄마의 삶을 보고 또 다른 나비로 살아갈 것이다. 그렇게 나와 아이는 함께 꿈을 이루며 살 것이다.

"너는 아름다운 나비가 될 수 있어. 우리는 모두 너를 기다리고 있을 거야."
- 〈꽃들에게 희망을〉 중

# 02. 아이가 집에서
# 뭘 배우지?

"엄마, 내가 설거지할래요."

저녁을 먹고 나니 아이가 웃으며 말한다. 나는 아이에게 어느 정도 물을 틀어야 하는지를 알려준다. 아이는 열심히 설거지한다. 아이의 집중하는 눈빛이 사뭇 진지하다. 수세미로 그릇을 박박 닦는 손놀림이 능숙하다. '언제 저렇게 컸지?' 하는 마음에 든든하다.

설거지하는 동안 바닥에 흘린 물. 둘째 아이가 기어 와서 방바닥에 있는 물을 갖고 논다. 손으로 비벼보고 손가락으로 대본다. 손바닥으로 물을 찰싹찰싹 친다. 즐거운지 연신 까르르 웃으며 한참 논다. 옷은 이미 다 젖었다. 그런데도 아랑곳하지 않는다. 설거지를 끝낸 아들. 함께 수건으로 바닥을 닦고 마무리를 한다. 오늘도 하루해가 노루 꼬리만큼 짧다.

"집에서 애 둘이랑 뭐 하세요? 힘들지 않아요?"

내가 첫째 아이를 집에 데리고 있는 것을 아는 지인들이 물어봤다. "어떻게 두 아이를 다 데리고 있어요? 신기해요" 하고 말했다. 나는 "집에서 애들이랑 놀아요"라고 답했다. 정말 그랬다. 우리는 잠자는 시간 빼고 놀고 또 놀았다. 같이 집안일을 하면서 놀았다. 아이에게 책을 읽어주면서 놀았다. 영어 DVD를 보거나 영어 CD에서 흘러나오는 소리를 들으며 뒹굴뒹굴 구르며 놀기도 했다.

첫째 아이와 점심을 같이 차려 먹고 장을 보러 나갔다. 둘째 아이는 유모차에 타고 있었다. 첫째 아이는 옆에서 조잘조잘 말하며 뛰고 걷고 있었다. 시간이 아주 많고 여유로우니 급할 것이 하나도 없었다. 언제까지 가야 할 목적지도 딱히 없었다. 천천히 걷기도 하고 빨리 걷기도 하고. 우리만의 속도로 걸었다. 그러다가 꽃이 보이면 멈춰서 아이랑 보기도 하고. 나뭇잎이 있으면 주워서 흔들어봤다. 나 혼자 걸어서 10분이면 갈 거리도 두 아이와 가면 30분은 족히 걸렸다.

함께 보내는 모든 시간이 아이에게 배움이었다. 부모가 아이에게 얼마나 하도록 허용하느냐에 따라서 경험할 수 있는 정도가 달랐다. 아이가 직접 해본다는 것은 그만큼 집이 엉망진창으로 바뀐다는 뜻이었다. 집을 어지르면서 놀수록 아이는 더 많이 배웠다.

아이를 키우면서 깨끗한 집은 찾아볼 수 없었다. 첫째 아이는 발 디딜 곳 하나 없이 물건을 늘어놓으면서 놀았다. 덕분에 둘째 아이는 바닥에 있는 물건을 피해가며 기어 다니는 기술을 빠르게 익혔다. 아이들이 환경에 얼마나 잘 적응하는지 알 수 있었다. 첫째 아이는 집에 있는 온갖 물건으로 자신만의 세계를 만들었다. 둘째 아이는 오빠가 만들어 놓은 세계를 열심히 부수었다. 둘이 만들고 부수고를 반복하면서 시간을 보냈다.

어질러진 집은 잠자기 전 한 번 같이 치우면 족했다. '누가 빨리 갖다놓나, 없어져라. 얍!' 혹은 골인하기 놀이들. 날마다 정리를 놀이처럼 했다. 게임 하듯 하니까 아이는 빠른 시간에 치웠다. 그러다 보고 싶은 책이 있으면 하던 일도 잊었다. 다시 주저앉아서 책을 넘겨보았다. "엄마, 이것만 보고 다시 정리할게요"라고 말했다. 나는 이런 모습을 보기만 해도 배불렀다.

치우는 것을 보고 자라는 둘째 아이의 변화는 놀라웠다. 이제 돌이 갓넘은 아이도 정리할 줄 알았다. 블록 통을 앞에 놔주면 블록을 하나씩 집어넣었다. 처음에는 통 주변에 놓더니 금세 통 안에 넣었다. 아이는 정말 빠르게 배웠다. 그리고 재미있는지 계속 반복해서 넣었다. 관찰학습의 효과는 엄청났다.

나는 집안일이 가정에서 해줄 수 있는 가장 좋은 교육이라고 생각한다. 이것은 아이가 놀면서 몸으로 배우는 살아있는 교과서이다. 빨래하기, 쓰레기 버리기, 정리하기, 요리하기, 장보기. '체험 삶의 현장'이 따로 없다. 집안일은 나에게 해도 해도 끝이 없고 귀찮은 '일'이다. 하지만 아이에게는 놀고 또 놀아도 재미있는 '놀이'다.

아이는 집안일을 하며 정말 좋아한다. 아이가 세탁기 버튼을 눌러본다. 그 뒤에 세탁기 돌아가는 것을 보고 펄쩍펄쩍 뛰면서 즐거워한다. 장난감 세탁기보다 낫다. 장난감이 뭐 대수인가? 아이가 즐겁게 노는 물건이 바로 장난감인걸. 아이들은 장난감이 없어도 집에 있는 모든 물건을 놀잇감으로 바꿔서 놀 수 있다.

나와 누나와 대연이와

조밭을 맸다.

두 골째 매다니

땀이 머리가 젖도록 흐른다.

이럴 때 목욕했으면 좀 좋을까?

풍덩! 물속에 들어갔으면!

햇볕에 시드는 풀 냄새가 섞인

쌔도록한 냄새의 바람이 불어온다.

그러다가 시원한 바람이 불어온다.

아아, 시원하다.

누나가 대연이 색시 바람 불어오는구나, 한다.

**- 〈일하는 아이들〉 중**

〈일하는 아이들〉에 나오는 초등학교 3학년 아이가 쓴 시이다. 시 안에 아이의 땀나는 삶이 있다. 옛날에는 일이 생활이었다. 어린아이들도 당연히 밭을 맸다. 동물에게 풀을 먹였다. 물을 길어왔다. 이처럼 환경이 아이를 강하게 만들었다.

지금은 집에서 가르쳐주지 않으면 아이들에게 배울 기회란 없다. 아이들은 자라면서 점점 몸을 움직이지 않는다. 주위를 둘러보라. 아이들의 손에 무엇이 있는가? 대부분 두 손에 스마트폰을 들고 있다. 고개를 처박고 영상을 보거나 게임을 하는 아이가 많아도 너무 많다. 정보통신정책연구원

(KISDI)이 2015년에 발표한 '어린이, 청소년 휴대폰 보유 및 이용행태 분석'에 따르면 저학년 초등학생(1~3학년)의 스마트폰 보유율이 25.5%다. 저학년 초등학생 4명 중 1명은 스마트폰을 사용한다는 얘기다. 고학년 초등학생(4~6학년)은 59.3%, 중학생은 86.6%, 고등학생은 90.2%가 스마트폰을 쓴다.

나는 아이를 건강하게 자라게 하는 힘은 스마트폰이 아니라 스스로 몸을 움직이는 행동에서 나온다고 믿는다. 이를 위해서 아이에게 집안일로 놀 권리를 준다. 아이에게 집안일은 '놀이'다. 집안일을 하면서 재미있다고 말하기 때문이다. 더구나 큰 힘을 들이지 않고도 즐겁게 할 수 있다. 나는 아이에게 실수할 권리를 허락한다. 아이가 집안일을 하다 보면 실수를 많이 한다. 이때 어떻게 해야 하는지 가르친다. 이런 일을 통해서 아이의 문제해결능력을 기를 수 있다. 또한 아이에게 선택 기술을 가르친다. 집안일은 골라서 행동하는 일의 연속이다. 무엇을 어떻게 해야 할지 늘 생각해야 한다. 자꾸 선택을 해봐야 더 나은 선택도 한다. "삶은 선택이다. 삶에 대하여 올바른 선택을 할 수 있는 것은 그 사람의 성숙도와 맞물려있다. 올바른 선택을 할 수 없다면 인간적인 삶도 있을 수 없다"고 톨스토이는 말했다.

집은 아이가 태어나서 처음 만나는 학교다. 나는 아이가 세상에 나가기 전에 집에서 많은 것을 배웠으면 좋겠다. 그리고 어디든 가서 자신의 꿈을 펼치길 바란다. 우리나라도 좋고 다른 나라도 괜찮다. 아이가 선택한 곳이면 어디라도 좋다. 이를 위해서 집에서 배울 수 있는 모든 것을 허락한다.

실컷 놀면서 몸으로 배우기를!

"하지만 조나단, 넌 할 수 있어. 넌 배웠기 때문이야. 한 가지 과정이 끝났고, 이제 새로운 과정을 시작할 때가 온 거야."

내 아이가 〈갈매기의 꿈〉에 나오는 조나단처럼 자유롭게 높이 날기를 바란다. 아이는 지금 날아가기 위해 집에서 배우고 있다. 경험이 하나씩 쌓이고 어른이 되면 세상 속으로 힘차게 나갈 것이다. 그 날을 꿈꾸며 오늘도 우리는 집에서 함께 논다.

# 03. 조기교육
## vs 적기교육

"엄마, 할아버지에서 '할' 자는 어떻게 써요?"

"하민이의 '하' 아래에 '리을'을 쓰면 돼."

"아, 그렇구나."

6살이 된 아들은 요즘 한글 쓰기에 열심이다. 아들은 5살부터 글자에 관심을 보였다. 시작은 공룡이었다. 아들은 공룡을 아주 좋아했다. 그래서 3살 때부터 공룡 관련 책을 많이 읽어주었다. 그러다 보니 자연스럽게 공룡 이름에 눈을 떴다. 그리고 자주 보는 공룡 이름은 어느새 통글자로 외웠다. 공룡 이름은 죄다 받침이 없었다. 여기에 '사우루스'를 반복했다. 좋아서 보고 또 보니까 글자를 그냥 외웠다. 그러다가 이제는 글자 쓰기로 활동이 넓어진 것이었다.

지인들은 5살에 글자를 어느 정도 읽는 첫째 아이를 보고 나에게 "아이 한글을 일찍 가르쳤어요?" 물었다. 나는 "아니요. 특별히 글자를 가르치지는 않았어요. 어렸을 때부터 책을 읽어줬어요"라고 대답했다. 내가 한 일은 13개월 때부터 책을 읽어준 것이다. 아이는 엄마가 읽어주는 책을 보면서 글자에 자연스럽게 눈을 떴다.

아이를 키우는 부모는 한글을 언제 가르쳐야 하는지, 쓰기는 언제부터 시켜야 좋은지 궁금해한다. 그래서 전문가의 말을 듣고 책을 읽고 인터넷으로 자료를 찾아본다. 하지만 각자 주장하는 내용이 다르다. 그 흐름을 크게 '조기교육'과 '적기교육'으로 나눠서 볼 수 있다. 이 두 가지는 어떻게 다를까?

'조기교육'은 아이 본인의 의지가 아니라 보호자, 즉 성인의 뜻으로 나이를 앞당겨서 교육하는 것이다. 그래서 언어, 숫자, 외국어, 음악, 스포츠 따위의 교육을 일찍 시작하는 것을 말한다. 조기교육 예찬론자들은 아래와 같은 장점을 이야기한다.

첫째, 교육은 어릴 때 해야 좋다. 둘째, 다양한 자극을 받으면 아이의 뇌가 더 발달한다. 셋째, 학습의 결정적 시기가 있다. 그 시기를 놓치면 학습의 효과가 줄어든다. 넷째, 좋은 습관은 어릴 때부터 길러줘야 한다.

'적기교육'은 교육의 '때'가 있다고 말한다. 아이의 두뇌 발달 시기에 따라서 받아들이는 게 다르다고 본다. 그래서 적기교육을 지지하는 사람들은 아이의 발달에 맞게 교육을 해야 한다고 주장한다. 특히 조기교육 부작용을 바탕으로 '적기교육'을 해야 한다고 내세운다. 아래는 그들이 강조하는 내용이다.

첫째, 과한 조기교육으로 아이들이 스트레스를 받을 수 있다. 그래서 아이의 속도에 맞춰야 한다. 둘째, 조기 외국어교육은 모국어가 완전하지 않으면 부작용이 크다. 셋째, 아이의 흥미보다는 부모의 욕심에 따라 무리하게 시키는 학습은 학습된 무기력을 가져온다. 넷째, 취학 전에 선행학습을 많이 할수록 학습에 흥미가 떨어진다. 다섯째, 조기교육은 지나친 사교육을 불러온다.

  말만 들으면 적기교육이 좋아 보인다. 하지만 '적기교육'도 가만히 생각해 보자. 여기서 말하는 '적기'가 언제일까? 아이마다 다 '때'가 다르다는데…. 실제로 내 아이의 때가 언제일지. 부모로서 그때까지 얼마만큼 기다려줄 수 있을지 모르겠다.
  어떤 부모는 "내 아이는 어릴 때 무조건 놀게 할 거야"라고 말한다. 하지만 막상 초등학교 입학을 앞두고서 아이가 아는 게 없다고 불안해한다. 걱정하는 마음에 갑자기 아이를 앉혀놓고 가르친다. 그러나 아이는 싫어하고 거부한다. 잘못하면 부모와 아이 사이만 나빠질 수 있다. 적기교육에서 말하는 내 아이에게 맞는 시기. 그때가 언제 올지 모르는데 무작정 손놓고 기다리는 게 좋은 교육일까?

  조기교육과 적기교육에서 다루는 교육의 중심은 '학습'이다. 주로 '글자, 숫자, 외국어, 악기'와 같은 것들이다. 그러나 나는 교육을 더 넓게 봐야 한다고 생각한다. 생활 속에서 아이가 꼭 익혀야 하는 기술도 함께 넣는 것이다. 아이 생활에 필요한 기술은 아주 어릴 때부터 가르쳐야 한다. 그리고 아이가 하고 싶어 할 때 스스로 하도록 지켜봐 주면 된다. 필요에 따라서 부모가 최소한으로 도와주는 것이다.

아이가 숟가락을 혼자서 쥐고 먹으려 한다. 옷을 혼자 입으려고 한다. 신발을 스스로 신으려고 한다. 아이는 자기가 할 수 있다고 생각할 때 해 보고 싶어 한다. 이때가 모든 교육의 시작이다. 느려서 답답해도 아이가 할 수 있게 기다리며 지켜봐 줄지, 아니면 급한 마음에 부모가 다 해줄지, 이 선택은 시간이 흐를수록 큰 차이를 가져온다. 아이의 기본 생활부터 부모가 모두 다 해주려고 하면 어떻게 될까? 오히려 아이는 시간이 갈수록 흥미를 잃는다. 나중에는 자기 손으로 하려고 하지 않는다. 그렇기 때문에 하고 싶어 할 때 못해도 자꾸 해보도록 도와주어야 한다.

무엇보다 일상에서 배움이 일어나려면 아이는 충분히 놀아야 한다. 아이는 자유로운 시간 속에 놀면서 배울 준비를 하고 있다. 그리고 자연스러운 생활 가운데 하나씩 가르쳐야 한다. 미국의 교육학자 존 듀이는 '생활 속에서 학습하라'고 강조했다. 일상생활에서 아이가 경험하는 모든 것이 바로 교육이기 때문이다.

글자, 숫자도 생활 속에서 배울 수 있다. 그러려면 즐거워야 한다. 아이가 좋아하고 흥미를 보이는 주제를 가지고 해야 한다. 아이는 '재밌다'고 생각해야 몸을 움직인다. 그래서 내 아이가 무엇을 좋아하는지, 무엇을 할수 있는지를 끊임없이 관찰해야 한다.


내 육아 목표는 아이를 '행복한 생활인'으로 키우는 것이다. 그래서 나에게는 집안일, 책 읽어주기, 영어가 중요하다. 아이가 건강하게 독립해서 살도록 키우고 싶다. 이를 위해서 아이가 어릴 때부터 집안일을 가르친다. 간접으로 경험하고 아이의 생각 주머니를 키울 수 있도록 책을 읽어준다. 아이 삶의 무대를 우리나라가 아닌 다른 나라까지 넓혀 어디든 갈 수 있도록 영어를 자연스럽게 들려준다.

세 가지는 아이가 행복한 생활인이 되기 위해서 꼭 필요하다. 그렇기 때문에 아이에게 맞는 시기가 올 때까지 마냥 손 놓고 기다리지 않는다. 일찍 경험하도록 한다. 이를 위해 주변 환경을 자연스럽고 편안하게 만든다. 억지로 아이를 앉혀서 가르치지 않는다. 아이가 놀이처럼 느끼게 한다. 그리고 날마다 조금씩 반복해서 연습하도록 돕는다.

자꾸 같이하면 아이에게는 스스로 하고 싶어 하는 때가 온다. 이때 못하는 부분을 도와주면서 원하는 만큼 하도록 허락해준다. 혼자 할 때까지 기다려준다. 그러려면 길게 보고 가야 한다. 모든 교육은 하루아침에 이루어지지 않는다. 인내하고 내 아이의 속도에 맞게 계속 앞으로 나가야 한다. 잠시 쉬더라도 멈추지 않아야 한다.

내가 중요하게 생각하는 세 가지(집안일, 책 읽기, 영어)를 아이가 어릴 때부터 스스로 할 수 있도록 일찍 시작한다. 조기교육을 하는 것이다. 하지만 아이의 나이와 발달수준에 맞게 활동을 바꾼다. 생활 속에서 자연스럽게 배우고 연습하도록 놀이로 한다. 아이는 재미있다고 느낀다. 그러면 자꾸 해본다. 이처럼 스스로 하고 싶어 할 때 충분히 하도록 기회를 준다. 방법에서는 적기교육을 따른다. 즉 조기·적기교육을 함께 해주는 것이다.

중국 송나라에 어리석은 농부가 모내기를 한 이후 벼가 어느 정도 자랐는지 궁금해서 논에 가보니 다른 사람의 벼보다 덜 자란 것 같았다. 농부는 궁리 끝에 벼의 순을 잡아 빼보니 약간 더 자란 것 같았다. 집에 돌아와 식구들에게 하루 종일 벼의 순을 빼느라 힘이 하나도 없다고 이야기하자 식구들이 기겁하였다. 이튿날 아들이 논에 가보니 벼는 이미 하얗게 말라 죽어 있었다.

〈맹자〉에 나오는 '발묘조장' 이야기이다. 농부는 벼의 순을 뽑으면 남들보다 내 벼가 더 빨리 자랄 거로 생각해서 그렇게 행동했다. 그러나 그 일이 오히려 벼를 죽게 만들었다. 가장 나쁜 것은 빠르게 결과를 보려는 마음이다. 그리고 남과 비교하는 생각이다. 조급증과 남과 비교하는 마음이 오히려 일을 망친다.

아이 교육도 마찬가지이다. 남보다 더 빨리 가려고 하는 마음, 내 아이가 남보다 더 낫기를 바라는 마음이 교육의 본질을 흐려놓는다. 지금 잠시 멈추고 생각해보자. 내가 어떤 마음으로 아이를 가르치고 있는지. 남과 비교하고 불안한 마음에 급하게 아이를 끌고 가고 있지는 않은지 돌아보자.

# 04. 아이는 놀이
# 천재로 태어난다

"술래잡기 고무줄놀이 말뚝박기 망까기 말타기 놀다 보면 하루는 너무나 짧아."

자전거 탄 풍경의 〈보물〉이라는 노래 가사다. 아이들은 여러 가지 놀이를 한다. 그리고 놀다 보면 하루가 너무 짧다고 말한다. 내 어린 시절을 기억해 봐도 그렇다. 나는 방학이 되면 시골 할머니 댁에 갔다. 방학 내내 거기에서 놀았다. 아랫집에는 또래 친구가 살았다. 그래서 친구를 만나 날마다 종일 놀았다.

사방치기, 공기놀이, 소꿉놀이, 달리기 따위 놀이들. 함께 깔깔 웃으며 신나게 놀았다. 밖에서 실컷 뛰어놀고 해가 질 무렵 집에 돌아갔다. 놀고 또 놀아도 재미있었다. 헤어지는 순간이 늘 아쉬웠다. '하루가 왜 이렇게 짧지?' 집에 가면서 시간에 날개가 달려서 날아갔다고 생각했다. 지금도 그때를 떠올리면 마음이 따뜻하다.

첫째 아이는 아침에 일어나자마자 몸을 뒹굴뒹굴한다. 데굴데굴 구른다. 물구나무를 선다. 책장을 오르내린다. 몸을 풀더니 보고 싶은 책을 꺼내서 펼쳐본다. 그러다 놀이방에서 블록을 가져와서 바닥에 와르르 쏟아붓는다. 집 안 여기저기를 바쁘게 돌아다닌다. 오빠를 졸졸 따라다니는 둘째 아이도 덩달아 움직임이 빨라진다. 잠자기 전에 정리한 거실이었는데… 두 아이는 10분도 걸리지 않아서 집을 엉망진창으로 만들어 버린다.

아침 먹을 시간이다. 첫째 아이는 자기가 하겠다며 주방으로 뛰어온다. 아이는 미숫가루를 스스로 타 먹는다. 토스트 기계를 꺼낸다. 빵을 넣고 기다린다. '띵' 소리와 함께 튀어나온 빵을 집게로 잡는다. 빵을 접시에 놓는다. 잼을 바르면서 연신 조잘조잘 말한다. "엄마, 나는 딸기잼 샌드위치 만들고 있어요." 그러면서 EQ의 천재 중 하나인 〈먹보씨〉 책을 가져온다. 입을 크게 벌리고 샌드위치가 맛있다며 우적우적 먹는다. 책을 봤다가 빵을 먹다가. 자유로운 아침 시간을 보낸다. 아침을 준비해서 먹는 일도 아이에게는 놀이다.

첫째 아이는 종일 논다. 놀다가 엄마와 함께 청소와 빨래를 한다. 엄마와 게임 하듯이 집안일을 한다. 그리고 놀이방에 있는 여러 가지 장난감, 생활용품을 다 꺼내 와서 자신만의 왕국을 만든다. 둘째 아이는 오빠가 만든 왕국을 치우며 기어 다닌다. 부수기도 잘한다. 그러면 첫째 아이는 빛의 속도로 다시 만든다.

점심을 같이 차려서 먹고 난 뒤 도서관에 간다. 도서관에 가는 길은 새로운 놀이세상이다. 첫째 아이는 폴짝폴짝 뛴다. 돌 위에 올라갔다 내려온다. 도서관에 가서 책을 고른다. 벽으로 들어가 누워서 책을 본다. 둘째 아이는 책꽂이에서 책을 한 권, 두 권 뺀다. 아이들은 어디에 있든지 자유롭게 논다. 종일 놀고 나서 자야 할 시간이 오면 아쉬워한다. 아이는 내일 또 놀자며 기분 좋게 잠든다.

우스갯소리로 인생에는 몇 가지 총량의 법칙이 있다고 말한다.

① **또라이 총량의 법칙:** 또라이가 있어서 회사를 옮겼더니 거기에 또 다른 또라이가 있다. 어디를 가든지 또라이가 있는데 신기하게 이번에는 없다. 그렇다면 거기에서는 바로 내가 또라이다.

② **지랄 총량의 법칙:** 누구나 평생 써야 하는 이상한 짓(지랄)의 총량이 있다. 사람마다 나오는 시기가 다르다. 어쨌거나 죽기 전에는 그 양을 다 쓰게 되어 있다. 그래서 어릴 때 지랄하지 않으면 커서 지랄한다.

나는 여기에 '놀이 총량의 법칙'도 있다고 믿는다. 사람마다 평생 놀아야 할 총량이 정해져 있다. 그래서 죽기 전에 그 양을 어떻게든 다 채운다. 어릴 때 놀지 못하면 커서라도 논다. 내가 채워야 할 놀이의 양이 있기 때문이다.

아이는 누가 가르쳐주지 않아도 자기만의 방법으로 논다. 모든 아이는 놀이 천재로 태어난다. 그래서 태어나는 날부터 어떻게 놀아야 하는지 안다. 놀기 위해서 이 세상에 왔다. 아이는 실컷 놀면 잔다. 배고프게 놀면 먹는다. 아이들의 문제는 마음껏 놀 때 자연스럽게 풀린다. 아이에게는 '놀 곳, 놀 사람, 놀 시간'만 있으면 된다. 그러면 세상이 즐겁다.

2014년 2월 24일 자 경향신문에는 '놀이가 밥이다. 아이들이 달라졌다' 는 기사가 실렸다. 서울에 있는 초등학교 세 곳에서 1년 동안 날마다 두 시간씩 아이들을 놀이터에서 놀게 했더니 아이들의 행동이 바뀌었다는 것 이다.

친구들을 밀치거나 주먹으로 때리며 심술꾸러기였던 아이가 이제는 친 구에게 놀이를 제안하고 배려해주는 듬직한 아이가 되었다. 엄마가 뭘 하 자면 짜증만 내고, 수업에 의욕이 없었던 아이가 수업시간에 한눈팔지 않 고 친구들과 잘 지내게 되었다. 아이들 문제에 제일 좋은 약은 바로 '놀이' 였다. 우리는 '밥이 보약'이라고 말해왔다. 아이들에게는 '놀이 밥'이 제일 좋은 약이었다. 충분히 놀 때 많은 문제가 사라졌다.

아이들의 놀이는 끝이 없었다. '긴 줄넘기, 땅따먹기, 사방치기, 찰흙 놀 이, 구슬치기, 숨바꼭질, 무궁화 꽃이 피었습니다' 같은 놀이들. 여러 가지 놀이로 놀았다. 스마트폰에 얼굴을 파묻던 아이들이었다. 그러나 장난감 하나 없이 땅을 파서 개미집을 연결했다. 자연 속에서 새로운 놀이를 계속 만들어냈다. 아이들은 게임과 텔레비전을 벗어나서 놀이터로 나가 친구들 과 몸을 부딪치며 놀았다.

아이들은 긍정의 여유를 되찾았다. 실패를 못 견디던 아이도 다시 일어 났다. 오늘 졌지만 내일 이기는 체험을 했다. 아이들은 '놀이 밥'을 배부르 게 먹었다. 마음이 넉넉해졌다. 오늘 못 놀면 내일 또 놀면 되었다. 학원 가 느라고 겨우겨우 시간을 쪼개서 10분, 20분 놀다 헤어지지 않아도 되었다.

"원래 아이에게 놀이와 학습은 서로 충돌하는 개념이 아니다. 정상 조건 에서 아이는 놀이와 학습의 관계에 협조하는 능력이 있다. 만약에 아이가 놀기만 하고 공부를 안 해서 놀이와 공부가 충돌하면 이것은 교육환경 중에서 어떤 불량한 요소가 아이에게 영향을 주고 있다는 뜻이다."

미국의 교육학자 존 듀이는 말했다.

"놀이는 인간 경험의 결정적인 요소이다. 인간은 놀이를 통해 자신의 최고 열망과 이상을 깨닫는다."

독일의 철학자 프리드리시 실러도 말했다.

아이들은 놀면서 배운다. 놀이를 통해서 나와 세상을 알아간다. 그리고 스스로 삶을 이루어 나간다. 새로운 놀이를 만들면서 주도성, 자율성, 자립심이 자란다. 그렇기에 부모는 한발 뒤로 물러나서 지켜봐야 한다. 아이가 놀면서 충분히 자신을 알아가도록 도와줘야 한다.

아이는 놀이 천재로 태어난다. 놀기 위해서 세상에 온다. 그런 아이들의 마음을 채워주는 밥이 있다. 바로 '놀이 밥'이다. 이제는 아이와 함께 '놀이 밥'을 만들고 맛있게 먹어보자. 끼니를 따뜻하게 챙겨주듯이 말이다.

'놀이 밥'을 배불리 먹은 아이는 건강하게 잘 자랄 것이다. 우리는 '밥심으로 산다'고 말한다. 이처럼 '놀이 밥'의 힘을 가진 아이는 세상을 향해 힘차게 나갈 것이다. 오늘 '놀이 밥'을 만들면서 사랑하는 아이에게 '놀 틈', '놀 터', '놀 친구'를 선물해주면 어떨까?

# 05. 나는 아이와 놀면서
# 재테크 한다

길가에 무화과나무 한 그루가 있었다. 여우는 큰 뱀이 자는 것을 보고 그 큰 몸집이 부러웠다. 여우는 큰 뱀과 같아지고 싶어서 그 옆에 누워 자신을 늘리려다가 무리한 나머지 자기도 모르는 사이에 찢어지고 말았다.

〈이솝우화〉에 나오는 '여우와 큰 뱀' 이야기이다. 여우는 큰 뱀을 부러워했다. 그리고 큰 뱀처럼 되고 싶었다. 그러다 보니 무리해서 자신의 몸을 늘렸다. 결국 자기도 모르는 사이에 몸이 찢어지고 말았다.

첫째 아이를 낳기 한 달 전에 친구가 아기용품 목록을 줬다. 나보다 5개월 먼저 아이를 낳은 친구였다. 자기가 아이 낳기 전에 정리한 거란다. 신생아에게 필요하다는 물건이 종류별로 있었다. 살펴보니 아이 키울 때 있으면 좋은 것들이었다. 친절한 친구가 고마웠다.

젖병 소독기, 아기 세탁기, 아이 이불, 욕조, 유모차, 범퍼 침대, 유아 매트, 카시트, 장난감, 체온계, 보습크림, 기저귀, 물티슈들. 나는 정말 많은 목록을 보고 입이 벌어졌다. 정신을 차릴 수가 없었다. "아이 키우려면 이게 다 필요하단 말이야?" 하고 친구에게 물어봤다. 친구는 "이게 여러 사람이 올려놓은 목록 중에서 그래도 필요하다고 생각하는 것만 골라 놓은 거야"라고 말했다. 나는 깜짝 놀랐다. 아이를 키울 때 이렇게 많은 물건이 필요하다니! 그러나 그때는 몰랐다. 이건 시작일 뿐이라는 것을. 아이가 태어나면 돈 쓸 일이 정말 많아진다는 것을 말이다.

첫째 아이를 키울 때 필요하다는 물건을 다 사려고 했다. 뭐가 좋은지 모르니까 검색을 많이 했다. 지인에게 물어보기도 했다. 너무 비싸다 싶은 것은 중고라도 샀다. 그러면서 절약한다고 생각했다. 지금 돌아보면 없어도 되었는데…. 그때는 안 사면 큰일 나는 줄 알았다. 있어야 아이를 잘 키우는 것이라고 생각했다.

그러다 보니 늘 돈이 없었다. 들어오는 수입은 남편 월급, 내 수당, 아이 양육 수당인데 쓰다 보면 남는 돈이 없었다. 오히려 첫째 아이를 낳기 전에 모은 돈도 다 꺼내 썼다. '난 왜 이렇게 돈이 없지? 돈을 막 쓰는 것도 아닌데…' 늘 생각했다.

어떤 사람이 집에 영웅상을 모셔두고는 재물을 풍성하게 바쳤다. 계속해서 그의 씀씀이가 헤프고 재물에 큰돈을 들이자 밤에 영웅이 나타나 그에게 말했다.

"여보게, 이제 재산은 그만 낭비하게나. 다 쓰고 나서 가난해지면 자네는 나를 탓할 게 아닌가!"

〈이솝우화〉에 나오는 '영웅' 이야기이다. 나는 왜 돈이 없는 걸까? 그것은 내가 썼기 때문이다. 우리 집에 들어오는 돈보다 더 많은 돈을 쓰니까 그렇다. 남들이 좋다는 것 따라서 사느라고 돈이 내 곁에 머무를 틈이 없다. 앞으로 돈이 많이 들어갈 앞날을 생각하지 않는다. 지금을 즐기자며 써댄다.

더구나 이상한 소비문화에 물들어있다. 내가 번 돈을 쓴다. 그런데 돈 쓰는 기준에는 내가 없다. 바로 다른 사람의 평가에 마음을 쓰는 것이다. 물건을 사더라도 남들 눈에 좋아 보이는 것을 산다. 남의 기준에 맞추느라고 없는 돈은 빚을 내서라서 쓴다. 결국 통장에는 스쳐 가는 돈의 흔적만 남길 뿐이다.

나는 아이를 키우면서 알게 되었다. 내가 얼마나 자본주의 사회 속에서 중심을 못 잡고 살았는지를 말이다. 지금 사회는 광고로 사람들에게 결핍을 알려준다. "이걸 사봐. 그럼 행복해져. 이걸 사. 아이가 똑똑해져"라고 보기 좋게 포장한다. 그래서 사람들이 부족함을 느끼고 돈을 쓰게 한다. 사실 없어도 되는 물건이다. 그러나 신기하게 광고를 보면 그게 없어서 내 생활은 불편한 것처럼 생각이 바뀐다.

나는 둘째 아이 낳을 준비를 하면서 더 이상 결핍을 자극하는 상품들을 사느라 내 돈을 쓰지 않기로 결심했다. 필요한 물건만 사고 잠깐 쓸 것은 사지 않기로 했다. 아이를 키우다 보니 아주 잠깐만 쓰는 것들이 있다. 그런 것은 시기가 지나면 안 쓰게 되니 빌리거나 없이 살아보기로 했다.

2016년 4월 14일 자 머니위크에서 나온 기사에 따르면 아이 한 명을 키우는데 3억이 들어간다고 한다. 태어날 때 1,000만 원, 영아기(1~4세) 3,000만 원, 유아기(5~7세) 3,500만 원, 초등학교(8~13세) 7,500만 원,

중·고등학교(14~19세) 8,900만 원, 대학교(20~23세) 7,800만 원이 필요하다. 나는 여기에서 태어날 때, 영아기, 유아기, 초등학교 시기에 들어가는 돈을 최대한 줄이기로 했다. 그리고 아이가 자라면서 정말 필요할 때 돈을 써야겠다고 결심했다.

자본주의 사회에서 살아남으려면 돈에 대한 나만의 철학이 있어야 한다. 돈은 생활이고 현실이다. 돈을 부정할 필요가 없다. 돈이 행복의 조건은 아니다. 하지만 어느 정도는 있어야 행복하다. 더구나 돈이 있으면 부부 사이에서도 세 번 싸울 일이 한 번으로 줄어든다. 생각해보면 우리 부모님도 돈 때문에 많이 싸웠다. 나는 돈으로 남편과 싸우는 모습을 아이에게 보여주고 싶지 않다.

가장 좋은 소비는 아이의 성장에 맞춰 돈을 쓰는 것이다. 자립심과 학습 능력이 좋은 아이로 키우는 것이 최고의 이익을 얻는 방법이다. 먼저 36개월까지 안정애착을 가지도록 내 손으로 키운다. 이때 만들어진 애착과 아이의 정서가 아이 인생 전반에 중요하기 때문이다. 그 힘으로 아이는 세상을 긍정으로 살아간다. 바로 내 아이를 정서 금수저로 키우는 것이다. 아이 마음 통장에 사랑을 넣어주면 된다. 그러려면 아이가 어릴 때는 엄마가 아이 옆에 있으면서 몸을 써야 한다. 아이와 몸으로 놀면서 사랑통장을 채워 나가야 한다. 아이와 노는 시간이 오히려 돈을 버는 시간이다. 이때는 돈을 안 들이고 아이와 재미있게 놀 수 있는 방법으로 놀면 된다. 몸만 움직이면 되니까 내가 지금 돈을 번다는 생각으로 아이와 놀아보자.

그리고 내 통장에서 실제 돈을 늘려야 한다. 아이가 어릴 때야말로 돈을 모아야 하는 시기이다. 아이가 자라면서 아이가 하고 싶어 하는 교육에 맞게 지갑을 열어야 한다. 써야 할 때 돈을 쓴다. 그래야 돈에서 자유롭고 내 돈을 내가 통제하는 진정한 주인으로 산다.

돈이야말로 다른 사람에게 통제권을 주면 안 된다. 내가 중요하다고 생각하는 가치에 따라서 결정해야 한다. 자본주의 사회에서는 돈을 누가 통제하는지가 중요하다. 나는 돈의 노예인가? 돈의 주인인가?

아이가 어릴 때는 아이 교육비로 너무 많은 돈을 쓰지 않는다. 아동수당에서 한글책, 영어책, 영어 DVD를 산다. 한 달에 10만 원 안에서 사도 충분하다. 사교육에 돈을 쓰지 않는다. 지인이 준 옷을 입힌다. 아이에게 장난감을 사주지 않는다. 첫째 아이는 이제 사고 싶다고 말하는 장난감이 생겼다. 이것은 친척들이 주신 돈으로 아이가 직접 사게 한다. 집에서 집밥을 해 먹는다. 돈을 들고 아이와 장을 보러 가서 돈 쓰는 법을 가르친다. 살아있는 경제교육을 한다. 아이에게 우리 생활에 돈이 있어야 한다는 것을 알려준다. 그리고 정해진 돈 안에서 꼭 필요한 것을 사는 연습을 한다.

"벌 수 있는 모든 것을 벌어라. 절약할 수 있는 모든 것을 절약하라. 그래서 모을 수 있는 모든 것을 모아라. 그리고 줄 수 있는 모든 것을 주어라." 감리교를 만든 존 웨슬리의 말이다.

나는 아이를 키울 때 이 말을 늘 마음에 새기고 살아야 한다고 생각한다. 절약도 습관이다. 자꾸 연습해야 만들 수 있다. 무엇보다 아이 물건을 사기 전에 100번은 생각해야 한다. 내 아이에게 정말 필요한 물건인가? 이것이 없으면 못 사는가? 우리 집에 대체할 물건이 있는가? 정말 고민하고 결정해야 한다. 그리고 집에서 아이와 몸으로 놀아보자. 함께 깔깔깔 웃고 놀면서 아이의 사랑통장을 채워준다. 그리고 내 통장에는 진짜 돈을 쌓는 다. 지금 아이와 함께 노는 시간이 최고의 재테크다.

# 06. 학습지를
# 벗어나라

여기저기 북적북적, 왁자지껄. 많은 사람이 모여 있다. 열기가 한여름보다 더 뜨겁다. 서로 묻고 답하는 모습이 진지하다. 이곳은 어디일까? 바로 유아용 교재 박람회장이다. 수많은 아이의 교재·교구가 있는 곳. '내 아이에게 좋은 게 있을까?' 오늘도 여기는 궁금해서 찾은 사람들로 넘친다.

"이번 달에 엄마가 돈이 조금밖에 없으니까 언어부터 하자. 이게 아니에요. 아이들은 언어, 지능, 정서교육을 다 같이 해줘야 해요." 유아 학습지를 파는 사람은 부모를 앞에 놓고 열심히 설명한다. 내 아이를 위해서라면 다 사줘야 할 것 같다. 아이의 모든 영역을 골고루 발달시켜 주고 싶다. 하지만 1세트가 60만 원이다. 3세트를 함께 하면 180만 원. 어떻게 해야 좋을지 모르겠다.

부모들이 줄지어 서 있다. 끝이 보이지 않을 정도다. '여기는 뭐 하는 곳이길래 이렇게 사람이 많지?' 궁금하다. '내 아이 영어를 어떻게 하면 좋을까요?'로 모인 이들. 아이의 영어 학습 상담을 받으러 온 사람들이다.

"여기서 끝이에요. 저희는 한번 구매로 끝이지만, 다른 곳은 단계를 쪼개서 나눠놨기 때문에 처음에는 싸 보여요. 하지만 나중에 계산해보면 돈 천만 원이 넘고…" 다른 곳보다 싸다고 말한다. 침을 튀기며 소개한다. 그래서 들어보니 630만 원. '카드 할부로 긁어야 할까?' 여러 생각이 스친다. 내 아이 앞날을 위해서라면 몇백만 원을 써서라도 해주고 싶다.

유아교재 박람회장을 비롯하여 많은 곳에서 아이 교육을 위해 땀을 흘린다. 아이를 똑똑하게 만들어주겠다고 말한다. 그리고 유치원 때 시작하면 아이가 바보 취급당할 수 있다고, 지금 시작하지 않으면 늦는다고 친절하게 걱정해준다. 우리 아이 교육에 두 팔 걷고 마음 써주는 곳이 이렇게 많다니. 정말 놀랍다.


아이와 장을 보러 가는 길이었다. "어머니, 아이 몇 살이에요? 한글 하셔야죠. 이번 달에 하시면 선물도 많이 드려요. 어머니께서 하시기 힘드시면 실력 좋은 선생님이 찾아가서 가르쳐 드려요. 이렇게 좋은 기회가 없어요. 한 번 해보세요."

누군가 아이에게 사탕을 건네면서 환하게 웃으며 말한다. 한글 학습지 회사에서 나온 사람이다. 사탕을 받은 아이는 나에게 뜯어달라고 조른다. 사탕 껍질을 벗겨주느라 멈춰 있다. 그는 내 옆에서 쉴 새 없이 말한다. 회사에서 나온 교재를 열심히 설명한다. 발길을 옮기려는 나에게 "언제든 궁금할 때 연락 주세요"라며 친절하게 명함을 준다. 우리 아이의 교육을 위해서 최선을 다해주겠다는 곳이 넘치는 세상이다.

육아정책연구소 2013년 '육아정책 브리핑' 보고서에서 만 5세 이하 영유아 3,630명을 조사한 결과 학습지 이용률이 31.6%였다. 10명 중 3명은 학습지를 풀고 있다. 학습지 종류도 여러 가지다. 시작할 수 있는 나이도 다르다. 만 1세~3세 아이의 두뇌와 행동 발달을 위한 학습지도 있다. 심지어 생후 6개월 아이가 할 수 있다는 학습 프로그램도 눈길을 끈다.

"14개월 아기, 집에서 학습지 수업하시는 분 있으신가요?" "아이랑 집에서 뭐 하세요?" "아이챌린지 어때요? 학습지라기보다는 엄마랑 교감하는 프로그램이라는데요." 아이가 첫 돌이 지나면 엄마들은 고민한다. '이제 뭔가 해야 하는 거 아닌가?' 아이가 어리니 그렇다고 공부를 시키려는 건 아니다. 하지만 100% 엄마표 놀이도 한계가 있다. 함께하면 좋을 보조 도구가 필요하다. 더구나 아이들 발달 단계에 맞춰서 오감발달과 인지발달을 돕는 형태란다. '공부' 시키는 게 아니라고. 귀가 솔깃하다.

이렇게 시작한 학습지는 초등학교까지 이어진다. 2011년 이지서베이(ezsurvey.co.kr)에서 1,000명을 대상으로 초등학생 학습지 관련 조사를 실시하였다. 조사 결과 초등학생 10명 중 5~6명은 학습지를 구독하는 것으로 나타났다. 종류는 수학, 국어, 영어 순으로 2~3개 정도였다.

부모들은 학습지를 편하게 생각한다. 과목당 월 3만~4만 원으로 학원에 비해서 싸다. 그래서 실패해도 큰 부담이 없다. 더구나 방문교사가 와서 가르쳐주니 내 할 일이 줄어드는 기분이다. 아이도 좋아하는 것 같다. 나보다 전문가가 가르치니까 더 낫다고 여긴다.

하지만 아이는 어떨까? 학습지를 하면서 공부가 재미있을까? 물론 처음에는 아이가 호기심에 할 수 있다. 하지만 "오늘 여기까지 해야 해"라는 강요를 받으면 흥미를 잃고 지겨워한다. 더구나 온몸으로 놀기 좋아하는 아이들은 앉아서 문제만 푸는 학습지가 재미없다.

방문 선생님이 오는 경우, 오기 전까지 숙제를 해놔야 한다. 그러다 보면 안 하는 아이에게 엄마의 잔소리가 나간다. 듣기 싫은 소리를 계속 듣는 아이는 더욱 하기 싫다. 내 아이에게 좋으라고 시작한 일이다. 하지만 아이와 감정 상하는 관계로 바뀔 수 있다.

사람은 싫어하는 일을 잘할 수 없다. 아이는 재미있어야 자꾸 한다. 남이 하라고 하면 하지 않는다. 시켜서 하는 일은 재미없기 때문이다. 내가 좋아야 반복한다. 아이는 앞으로 계속 공부를 해야 한다. 그러나 공부가 아이 기억에 고생스러운 일로 남으면 점점 피하려고 할 것이다. 그러다 보면 "뭐 하고 싶어? 무슨 과목이 재밌어?"라는 질문에 아이는 "없어"라며 만사 귀찮아한다. 억지로 공부한다고 생각한다. 책상에 앉아있어도 공부가 되지 않는다. 아이들은 '수포자, 영포자'란 말로 과목을 포기한다. 나는 공부를 잘하고 싶은데 잘 안된다고 말한다. 부모에게 공부 못해서 미안하다고 한다. 아이가 공부로 죄책감을 느껴서야 되겠는가! 그렇기 때문에 어릴 때일수록 학습이 고생스러운 일이여서는 안 된다. 공부는 재미있다고 생각하며 자라야 한다.

학습지에서 벗어나 생활 속에서 내 아이를 가르쳐보자. 아이와 무엇을 하면 좋을까? 먼저 책을 읽어주는 것이다. 책을 통해서 아이가 직접 경험할 수 없는 세상을 알려줄 수 있다. 아이는 몸으로 체험하는 것이 제일 좋다. 하지만 모든 것을 다 해볼 수 없다. 이때 책을 통해서 여러 가지 간접 경험을 할 수 있다.

그리고 책으로 아이의 생각 주머니를 키울 수 있다. 책을 자꾸 읽어주다 보면 자연히 한글에도 관심을 갖는다. 읽은 양이 쌓이고 때가 되면 아이가 한글도 깨우친다. 글자를 읽다 보면 쓰기에도 관심을 보인다. 자꾸 쓰고 싶어 한다. 그러니 아이가 진정 읽고 쓰고 싶어 할 때가 오도록 계속 책을 읽어주는 것이다.

생활 속에서도 한글과 숫자를 가르칠 수 있다. 아이와 간판을 함께 읽는다. 주마다 친절하게 우리 집 현관문에 붙는 배달통 책이 한글 교재로 바뀔 수 있다. 오늘 사 먹은 과자 봉지에 있는 글자를 읽는다. 팬케이크를 만들기 전에 만드는 방법을 읽고 만든다. 학습지에서 조금만 눈을 돌리면 된다. 그러면 일상생활 속에서 자연스럽게 글자를 가르칠 수 있다.

수 개념도 생활 속에서 익힌다. 아이와 간식을 먹으면서 하나씩 세어본다. 〈1001 동물을 찾아라!〉 책에서 숨은 동물을 찾으면서 수를 센다. 아이와 장을 보고 물건을 세어본다. 오늘은 총 몇 개 샀는지 이야기 나눈다. 돈을 내면서 가르친다. 학습지 밖으로 나와서 생활 속에서 살아있는 수를 알려준다.


일본에 코이라는 물고기가 있다. 코이는 굉장히 신기한 동물이다. 어항 속에서 크면 8cm까지 자란다. 연못이나 수족관에서 자라면 25cm까지 성장한다. 그리고 강에서 사는 경우 최대 120cm까지 큰다. 어떤 환경에 놓이느냐에 따라 다르게 자란다.

아이들도 마찬가지다. 아이들에게는 저마다 타고난 무한한 잠재력이 있다. 공부를 포함해서 수많은 재능이 있다. 아이마다 다 다른 것을 갖고 있다. 그리고 누구나 내 안에 있는 재능을 빼서 쓰고 건강하게 성장하려는 욕구가 있다.

학습지는 아이에게 정답이 있는 지식을 가르치는 것이다. 하지만 아이가 가진 반짝이는 가능성을 키워줄 수 없다. 그러니 이제 학습지를 벗어나자. 책과 생활 속 경험으로 아이의 생각 주머니를 키워주자. 아이에게는 자신에게 좋고 필요한 것을 주머니에 담을 충분한 능력이 있다.

# 07. 다시 오지 않을
## 너의 다섯 살

"축하합니다. 임신입니다."

결혼한 지 6개월 만에 아이가 생겼다. 나는 제때 임신해서 기뻤다. 아들일지 딸일지 궁금했다. 그러다 '남자아이면 어떻고, 여자아이면 어때, 건강하게만 태어나면 되지'라고 생각했다. 임신 기간 동안 마냥 행복할 줄 알았다. 첫째 아이를 낳는 날까지 지독한 입덧이 함께할 줄 몰랐다. 41주 내내 나를 떠나지 않았던 불편한 증상. 배 속에 있는 아이 하나 키우기가 쉽지 않았다.

나는 자연분만으로 아이를 낳고 싶었다. 그게 아이와 엄마에게 좋다고 하니까. 아이가 세상에 태어나는 날부터 좋은 것을 주고 싶었다. 하지만 아이가 거꾸로 있다고 했다. 아이의 머리를 아래로 내리려고 열심히 운동했다. 드디어 임신 38주에 위치를 바꿨다. 이제 언제든 낳을 수 있다는 생각에 기뻤다. 예정일이 9일 지났는데 아이가 방을 뺄 생각을 안 했다. 막

달에는 잠도 못 자고 몸도 무겁고 너무 힘들었다. 그래서 날마다 '얼른 태어나라' 노래를 했다. 결국 유도분만을 하게 되었다. 그러다 아이가 위험해져 응급수술을 해서 낳았다. 나는 자연스럽게 낳고 싶었는데…. 그렇게 하지 못했다는 생각에 눈물이 앞을 가렸다. 첫 단추부터 잘못 끼워진 기분이었다.

아이에게 제일 좋은 것은 모유수유라고 했다. 나는 어떻게든 완모(완전모유수유)를 하고 싶었다. 분유가 웬 말이냐 생각했다. 하지만 조리원에 있는 동안 아이는 10일 만에 분유를 120mL나 먹는 아이로 자라고 있었다. 간호사는 아이가 잘 먹으니 혼합수유(모유와 분유를 같이 먹이는 것)를 하라고 권했다. 내 젖만으로 키우기에는 양이 턱없이 부족했다. 나는 아이에게 모유만 먹이고 싶었는데…. 분유를 먹이면서 눈물이 났다. 모유수유도 내 생각대로 되지 않았다.

"꺄르르르르" 아이의 맑은 웃음. 아이들이 소리 내서 웃는 모습은 정말 사랑스러웠다. 아이를 낳기 전에 내 머릿속에는 핑크빛만 가득했다. 아이가 웃는 소리, 새근새근 잠자는 소리. '아, 얼마나 예쁠까?' 생각했다. 하지만 현실은 그렇지 않았다. 아이는 자지 않았고 너무 많이 울었다. 자지 않으려는 아이를 어떻게든 재우겠다고 울리며 재웠다. 임신 기간부터 아이 낳고 키우는 날까지 내 계획대로 되는 일이 하나도 없었다. 나는 빨리 깨달아야 했다. '아, 아이 키우는 건 내 뜻대로 되는 게 아니구나'를 말이다.

아이를 기르는 내내 '이게 맞는 걸까?' 묻기를 반복했다. 나는 정신을 차릴 수 없었다. 흔들려도 그렇게 많이 흔들릴 수가 없었다. 바람에 움직이는 갈대와 같은 수준이었다. 누가 나를 좀 잡아주면 좋겠다고 생각했다.

흔들리지 않고
피는 꽃이 어디 있으랴
이 세상 그 어떤
아름다운 꽃들도
비바람에 헤진 꽃마저도
다 흔들리면서
피었나니

**- 도종환, '흔들리며 피는 꽃'**

도종환의 〈흔들리며 피는 꽃〉이란 시다. 이제는 아이를 키우며 한없이 흔들리는 나를 이해한다. 나만 흔들리는 게 아니다. 주변에 아이 키우는 엄마들도 같이 춤추고 있다. 흔들리더라도 내 뿌리가 땅에 깊이 박혀 있으면 된다. 그러면 언젠가 꽃을 피울 수 있기 때문이다. 바람이 아무리 불어도 뿌리째 뽑히지만 않으면 된다. 시간이 가면 적당한 때에 꽃이 핀다.

따지고 보면 아이를 기르는 일이 그렇게 복잡할 것이 없다. 다만 어머니들의 마음이 복잡하기 때문에 아이를 기르는 일 또한 복잡하게 느껴진다. 아이를 기르는 것은 참으로 간단하다. 자율성만 인정하면 되기 때문이다. 기어 다니면 기어 다니도록 놓아두면 되고 장난감을 가지고 놀면 놀도록 놓아두면 되고 창문을 만지면 창문을 만지도록 놓아두면 되고 걸레를 가지고 놀면 걸레를 가지고 놀도록 하면 된다. 문제는 언제나 어머니 쪽에 있다. 아이 쪽에 문제가 있는 경우는 하나도 없다.

〈모신〉을 읽고 내 생각이 환해졌다. 결국 내가 일을 힘들게 만들었다. 육아는 내 아이가 원하는 것을 달라고 할 때 주면 되는 것이었다. 남들 눈에 좋아 보이게 너무 잘하려고 애쓰니까 버거웠다. 힘을 잘못 쓰니까 금방 지쳤다. 아이를 하루만 키우고 끝낼 일이 아니지 않은가. 육아는 100M 달리기가 아니었다. 마라톤을 뛰는 선수처럼 호흡을 잘 나눠서 끝까지 가야 하는 것이었다. 그러려면 내 아이의 속도에 맞게 가야 했다. 내 복잡한 생각을 빨리 내려놔야 편안한 육아를 할 수 있었다.

나는 아이의 선택과 자율성을 존중한다. 아이는 자신에게 가장 좋은 것을 알고 있다. 자기 자신을 일부러 해치려는 아이는 없다. 건강하게 자라고 싶어 한다. 그것을 알기에 어린이집을 거부하는 아이를 집에 데리고 있기로 했다. 어린아이에게 하기 싫은 일을 참고 하라고 말해주고 싶지 않았다. 자기에게 좋은 것을 선택하며 행복한 삶을 살도록 돕고 싶었다.

아이에게 나중은 없다. 오로지 현재를 산다. 아이에겐 앞날이 중요하지 않다. 지금 이 순간에 재미있게 마음껏 뛰어놀면 행복하다. 하지만 엄마는 아이의 미래를 걱정하느라고 현재를 보지 못할 때가 많다. 그러니 아이와 엄마의 생각이 맞을 수 없다. 나는 이제 앞으로 벌어질지 알 수 없는 일에 마음을 쓰지 않는다. 지금 내 아이의 행복, 아이가 할 수 있는 일에 눈을 돌린다.

다시 오지 않을 5살. 아이와 나는 홈스쿨링을 선택했다. 둘째 아이가 태어나면 첫째 아이를 어린이집에 보내는 게 당연하다고 말하는 시대. 우리는 남과 다른 선택을 했다. 내 아이가 원하지 않았기 때문이었다.

"그 누구도 아닌 자기 걸음을 걸어라. 나는 독특하다는 것을 믿어라. 누구나 몰려가는 줄에 설 필요는 없다. 자신만의 걸음으로 자기 길을 가거라. 바보 같은 사람들이 무어라 비웃든 간에…."

영화 〈죽은 시인의 사회〉에서 나온 말이다.


나는 많은 이들이 가지 않는 길을 아들과 걷기로 했다. 남이 뭐라 말하든 중요하지 않았다. 내 아이의 말이 더 소중했다. 아이의 걸음대로 내가 옆에서 같이 맞춰서 가면 되었다. 그리고 지금 할 수 있는 일을 선택하는 것이었다.

집에 시계가 있지만 정해진 시간표는 없었다. 몇 시까지 일어나야 하고 자야 하는 것도 없었다. 놀고 싶을 때까지 신나게 놀면 되었다. 자유롭게 놀면서 해야 할 일(집안일, 책 읽어주기, 영어)은 하루 동안 나눠서 했다. 덕분에 날이면 날마다 우리 집에는 '홈 카페'가 펼쳐졌다. 아이가 만들어 먹고 싶어 하는 팬케이크, 쿠키, 초코라떼, 녹차라떼를 원 없이 만들었다.

"엄마, 나는 요리를 잘하지요. 요리가 좋아요." 아이는 웃으며 말했다. 팬케이크를 뒤집개로 뒤집고 좋아서 폴짝폴짝 뛰었다. 요리와 집안일을 하며 늘 성취감을 맛보았다. 잠자기 전에 오늘도 재미있었다며 "행복해!"라고 말했다. 그런 말을 들을 때마다 가슴을 쓸어내렸다. '아이를 믿어주길 잘했구나.' 생각했다. 시간이 흐른 뒤에 '그때 그렇게 할걸' 후회하지 않기로 했다. 다시 오지 않을 아이의 다섯 살, 함께 걸으며 너에게 행복한 시간을 선물하고 있다.

만일 내가 다시 아이를 키운다면
먼저 아이의 자존심을 세워주고
집은 나중에 세우리라.

아이와 함께
손가락으로 그림을 더 많이 그리고
손가락으로 명령하는 일은 덜 하리라.

아이를 바로잡으려고 덜 노력하고
아이와 하나가 되려고
더 많이 노력하리라.

시계에서 눈을 떼고
눈으로 아이를 더 많이 바라보리라.

**- 다이아나 루먼스, <만일 내가 아이를 다시 키운다면>**

# 3장

# 사교육을 이기는
# 단단한 영어습관

# 01. 나는 영어가
# 왜 이렇게 어려울까?

2005년 2월 13일, 나는 영국으로 가는 비행기에 몸을 실었다. 내 나이 23살이었다. 대학교 4학년 때 휴학했다. 그리고 영국으로 날아갔다. 한 번도 가보지 않은 낯선 나라. 그곳에서 10개월 동안 봉사활동을 했다. 나보다 나이가 5살 많은 장애인과 함께 살았다. 장을 봤다. 점심에는 회사 사람들의 도시락을 주문받고 배달했다. 영화를 보러 갔다. 생활 속에서 해야 할 일(청소, 빨래, 요리)을 모두 함께했다. 장애를 가진 여자가 독립하여 살 수 있도록 자원봉사자가 같이 생활하는 것이었다.

내가 갔던 곳은 Bradford. 한국인이 거의 없는 마을이었다. 그리고 나와 교대로 일하는 아이는 독일인이었다. 우리는 한집에 살았다. 우리 외에 일하는 영국인이 1명 더 있었다. 그는 일하는 날 왔다가 자고 다음 날 돌아갔다. 3명이 하루씩 일하면서 한 사람을 돌보는 형태였다.

일은 어렵지 않았다. 새로운 경험이라서 재미있었다. 나는 모든 과정을 영어로 말하고 글을 써야 했다. 영국에서 살아남아야 하니까 생존영어로 바뀌었다. 20살 때만 해도 'Hello'조차 입에서 나오지 않았는데…. 나는 어느새 생활 속에서 자연스럽게 영어를 쓰고 있었다. 그리고 시간이 갈수록 어색했던 영국식 발음도 귀에 익숙해졌다.

영어만 24시간 듣다 보니 귀가 뚫리기 시작했다. 영어가 들리니 말하기는 더 쉬웠다. 그렇게 10개월 동안 영국에 살면서 내 영어 실력과 생활능력이 폭발 성장했다. 나에게는 큰 성취였다. 어디 가서 돈 주고 살 수 없는 값진 경험이었다. 나는 중·고등학교 시절에 영어가 제일 싫었다. 그랬는데 이제는 영어로 말하는 게 재밌고 즐거웠다. 어떻게 삶이 이렇게 바뀌었을까?

풋풋하고 생기 넘치던 20살, 대학생이 되었다. 어느 날 친구와 웃으며 걷고 있었다. 외국인 교수님이 우리에게 "Hello"라고 말하며 손을 흔들고 지나갔다. 나도 영어로 인사하고 싶었다. 하지만 그 앞에서 한마디도 할 수 없었다. 나는 얼음이 되어 있었다. 입이 떨어지지 않았다. "Hello!" 하고 똑같이 말하면 되는 건데…. 현실에서는 그렇지 않았다. 머릿속은 하얗고 아무 생각이 나지 않았다. 고등학교까지 6년이나 배운 영어를 전혀 써먹지 못했다.

내가 다니던 대학교에는 외국인 교수님이 많았다. 그리고 외국인 교수님이 가르치는 영어회화 수업을 4학기 동안 배워야 했다. 한 반에서 10~15명이 함께 수업을 들었다. 수업 외에 교수님과 일주일에 1시간을 정해서 Free Talking을 할 수 있었다.

나는 용기를 내서 Free talking을 신청했다. 혼자서 외국인 교수님을 만나기는 쑥스러웠다. 그래서 수업을 같이 듣는 친구와 함께했다. Free

Talking은 외국인 교수님과 1시간 동안 영어로 대화하는 것이었다. 1시간이 너무 길었다. 하고 싶은 말은 많은데 입에서 나오지 않았다. 손짓 발짓해가며 땀을 뻘뻘 흘리며 말했다. 안 되는 영어 단어는 하나씩 사전을 찾아가며 했다. 나는 답답했다. 영어로 속 시원하게 말하고 싶었다.

그때 알았다. 영어도 '말'이라는 것을. 다른 나라 사람과 대화하려면 영어로 말을 해야 한다는 것을 말이다. 그전까지 시험으로만 만났던 영어. 내가 6년 동안 학교에서 배운 영어는 외국인 앞에서 써먹지 못하는 죽은 언어였다. 하지만 외국인을 직접 만나자 생각과 행동이 바뀌었다. 영어로 편하게 말하고 싶었다. 그래서 다른 외국인 교수님도 찾아가서 Free Talking을 신청했다. 자꾸 말하다 보니까 어느새 내가 외국인과 웃으며 대화하고 있었다. 기적 같은 변화였다.

영어로 말할 수 있게 되자 다른 나라에 가보고 싶었다. 어학연수도 가고 싶었다. 하지만 돈이 없었다. 그러다 영국에서 자원봉사할 한국인을 뽑는 내용을 보았다. 영어시험 성적은 필요 없었다. 영어로 소통할 수 있으면 되었다. 그래서 도전했다. 나는 영어로 면접을 보았고 뽑혔다. 내가 처음으로 결정하고 한 일이었다. 영어는 나를 다른 나라로 데려다주었다. 내가 대학교 때 영어를 하지 않았다면 있을 수 없는 일이었다.

주마다 용돈을 받았기에 돈이 많이 들지 않았다. 나는 단돈 60만 원만 들고 영국에 갔다. 대학교 1학년 때부터 2년 6개월 동안 영어 말하기를 연습한 결과는 엄청났다. 사람들은 몇백만 원을 들여 고작 몇 주 어학연수를 가는데… 물가 비싸기로 유명한 영국에서 60만 원만 가지고 10개월 동안 생활했다니! 그 경험은 나를 크게 바꾸었다. 영어가 재미있고 어느 나라에 가도 살 수 있겠다는 자신감이 생겼다.

대학을 졸업하고 특수교사로 일했다. 영어를 안 쓰니 잘 들리지 않았다. 말도 전보다 못했다. 안 하니까 영어 실력이 점점 내려갔다. 신기했다. 다른 나라말은 꾸준하게 하지 않으면 다시 예전으로 돌아갈 수 있다는 것을 알았다. 그동안 쌓였던 영어가 없어지자 안타까웠다. 하지만 불편하지 않으니 그냥 살았다. 일하는 것만으로도 바쁜 생활이었으니까. 영어는 다시 내 삶에서 사라져 갔다. 그러다 결혼하고 아이를 낳았다. 나는 아이가 영어로 자유로워지기를 바랐다. 다른 나라도 불편하지 않게 다녔으면 했다. 그래서 언제부터 아이에게 영어학습을 해주면 좋을지 고민했다. 그러면서 내 영어를 돌아보았다.

나는 중학교에 들어가서 영어를 제대로 만났다. 그 전에 초등학교 5학년 때 '윤 선생 영어'를 잠깐 했다. 하지만 우리 집 형편에 계속할 수 없었다. 짧게 배웠지만 영어 발음을 제대로 익혔다. 그때 배운 발음은 계속 남아 있었다. 그리고 내가 다 자라서 영어를 말할 때 큰 힘을 주었다.

중학교에서 만나는 영어는 낯설었다. 문법은 힘들었다. 많은 단어를 외워야 했다. 하지만 외울 때뿐이었다. 시간이 지나니 머리에 남는 게 별로 없었다. 영어 듣기는 잘 들리지 않았다. 들어도 무슨 말인지 모르겠다. 점점 영어가 재미없었다. 영어를 공부하기 싫었다. 그래도 시험을 봐야 하니까 꾸역꾸역 억지로 했다. 고등학교에 가니 영어가 더 힘들었다. 수능 영어는 말할 것도 없었다. 공부해도 성적이 잘 오르지 않았다. 영어를 통해 내가 느끼는 성취가 없었다. 머릿속에는 '영어는 어렵다, 영어는 힘들다'는 생각만 자리 잡았다.

내 아이는 나처럼 학교 다닐 때 영어를 싫어하지 않기를 바랐다. 영어는 살아있는 '말'임을 가르쳐주고 싶었다. 생활 속에서 영어를 자연스럽게 알도록 해주고 싶었다. 단순히 영어시험을 잘 봐야 하고, 어느 정도 점수를 얻어야 하는 영어는 재미없다. 그리고 아이가 '영어가 어렵다, 하기 싫다'는 생각을 갖지 않는 게 중요했다. 그래서 어떻게 하면 좋을지 방법을 찾기 시작했다. 그러다 '엄마표 영어'를 만났다.

집에서 아주 어릴 때부터 자연스럽게 영어를 들려준다, 영어책을 읽어준다는 내용이었다. 10년을 길게 보면서 하나씩 천천히 가는 방법이었다. 나는 눈이 번쩍 뜨였다. '그래, 엄마표 영어를 해야겠어!' 다짐하고 아이에게 맞는 것을 찾기 시작했다.

낙타를 처음 봤을 때 사람들은 겁이 나고 그 엄청난 크기에 놀라 도망쳤다. 그러나 시간이 지나서 사람들은 낙타가 순하다는 것을 알고 용기를 내어 가까이 다가가기까지 했다. 그 뒤 사람들은 차츰 이 동물에게 성깔이 없다는 것을 알고는 굴레를 씌워서 아이들을 시켜 몰고 가게 할 만큼 얕잡아보게 되었다.

《이솝우화》에 나오는 '처음 본 낙타' 이야기이다. 영어도 그렇다. 처음에는 낯설다. 우리말이랑 다르니 어렵다. 그리고 시험을 보면 점수가 잘 안 나오니 힘들다. 하지만 영어는 '말'이다. 자꾸 듣고 말해봐야 는다. 시간과 양이 쌓여야 하는 것이다. 차라리 좀 얕잡아보고 시작하는 게 낫다. 사람은 '어렵다, 힘들다'고 생각하면 자꾸 피하려고 한다. 그러면 그 수준에 머물 수밖에 없다. '영어 그까짓 것. 하다 보면 되는 거지' 하고 생각하자. 그리고 날마다 꾸준하게, 즐겁게 한발씩 내딛는 것이다. 그러면 어느새 영어가 웃으며 내 옆에 와 있다. 우리는 영어 날개를 달고 더 넓은 세상으로 날아갈 수 있다.

# 02. 영어를 못하는 것은
# 아이의 잘못이 아니다

첫째 아이는 아침에 일어나면 〈Little critter〉 CD를 듣는다. 어떤 날은 이게 아니라며 다른 CD를 가져와서 튼다. 아침을 먹으면서 영어를 듣는다. 놀면서 〈Little bear〉를 듣는다. 내가 요리할 때 물소리 때문에 안 들린다며 크게 듣는다. 함께 차를 타고 다니면 가방에서 〈옥토넛〉 영어 CD 한 개를 뺀다. "엄마, 이번에는 이거 틀어주세요"라며 나에게 내민다. 조금 뒤에 아이는 끝났다며 재빨리 다른 CD를 준다. 아이가 안 듣고 있는 줄 알았는데 다 듣고 있었다. 잠자기 전에는 요즘 좋아하는 〈Maisy〉 영어 CD를 듣다가 잔다.

첫째 아이가 5살에 집에 있으면서 생긴 변화다. 그 전에는 어린이집에 갔다 와서 DVD를 봤다. 저녁에 놀면서 영어를 들었다. 하지만 이제는 아이가 온종일 집에 있다. 그러다 보니 아이는 영어를 많이 흘려듣는다. 하루에 1~2시간 DVD를 본다. 그 외에는 그냥 듣는다. DVD 보는 시간보다 노는 시간에 흘려듣는 양이 더 많다. DVD 볼 때도 한자리에 앉아 집중해서 보지 않는다. 돌아다니고 놀면서 본다. CD에서 나오는 영어는 우리 집에 흐르는 배경음악이다. 놀면서 먹으면서 돌아다니면서 듣고 또 듣는다. 그렇게 하루하루 듣는 양이 쌓여간다.

나는 '엄마표 영어'를 시작하면서 아이에게 생활 속에서 영어를 많이 들려줘야겠다고 다짐했다. 첫째 아이가 13개월부터 시작한 영어였다. 처음에는 영어 동요를 자주 틀어줬다. 그리고 잠자기 전에 영어책 1권을 읽어줬다. 영어책도 별로 없었고 아이가 어렸기 때문에 같은 이야기를 한 달에 1개씩 날마다 읽어줬다. 처음에는 아이가 제대로 앉아서 듣지 않았다. 그래도 꿋꿋하게 읽어줬다. '자꾸 읽어주다 보면 언젠가는 듣겠지' 하면서. 그게 쌓여서 6살이 된 지금은 잠자기 전에 엄마가 영어책 읽어주는 것을 당연하게 여긴다. 돌아다니면서 듣던 아이였다. 하지만 이제는 엄마가 읽어주는 그림을 보며 이야기한다.

'엄마표 영어'에서 엄마의 역할은 무엇일까? 바로 하루 동안 아이가 영어를 많이 듣도록 도와주는 것이다. 영어야말로 자꾸 들어야 한다. 소리에 익숙해져서 낯설지 않아야 한다. 아이가 "나 영어 싫어, 영어 재미없어"라는 말을 하면 마음 돌리기가 어렵다. 아이는 싫다고 생각하면 안 하려고 한다. 그래서 '거부하지만 말아다오' 하는 마음으로 늘 아이의 반응을 살핀다.

"엄마 나는 영어가 정말 좋아요"까지는 아니어도 되었다. 아이가 영어를 아주 잘하지 않아도 괜찮았다. 수능 영어 1등급을 바라지 않았다. 아이를 동시통역사로 키울 생각도 없었다. '영어 거부, 영어 포기, 영어 울렁증' 상태만 안 만들면 족했다. 나는 아이에게 자연스러운 영어환경을 만들어주고 싶었다. 엄마표 영어를 하루만 하고 끝낼 생각으로 시작하지 않았다. 10년, 긴 호흡으로 가야 했기에 아이가 놀랄 정도로 많은 양을 억지로 들이밀지 않았다.

먼저 아이가 좋아하는 주제를 찾기 시작했다. 자동차를 좋아할 때는 자동차 주제의 DVD, 영어책을 샀다. 그렇게 하나씩 알아갔다. 내 아이만을 위한 세상에 단 한 개밖에 없는 맞춤 영어. 자동차가 나와도 보지 않으려는 DVD는 억지로 보여주지 않았다. 듣지 않겠다는 CD는 틀어주지 않았다. 집에 안 보는 DVD가 쌓여가도 그냥 두었다. 정말 좋은 세상이라 자료는 널려있었다. 한 개 거부하면 다른 거 찾아서 보여주면 되었다. 남들이 좋다고 해도 내 아이가 싫다면 멈췄다.

아이가 좋아하는 것을 찾기. 그게 엄마의 할 일이다. 그리고 아이가 자꾸 보고 듣게 만들어주기. 그거면 된다고 생각한다. 뭐든지 엄마의 할 일이 많으면 안 된다. 그러다 보면 엄마가 먼저 지칠 수 있다. 엄마도 아이도 쉽게 가야 한다. 그래야 꾸준하게 계속 갈 수 있다.

그래서 엄마가 해야 하는 일을 줄였다. 나는 아이에게 CD를 틀어주고 잠자기 전에 영어책을 읽어주기만 한다. 따로 영어로 말해주지 않는다. 아이가 너무 싫어하기 때문이다. 아이에게 활동지를 풀게 하지 않는다. 아이에게 영어는 놀이지 공부가 아니기 때문이다. 그저 달마다 나오는 아동수당으로 영어 DVD나 영어책을 산다. 한 번에 많이 들이지 않는다. 아이가 좋다는 책과 DVD만 선택한다. 그렇게 우리 집에는 첫째 아이를 위한 영어책과 DVD가 하나씩 늘고 있다.

    2016년 5월 4일 자 여성신문에 나온 '엄마 조급증이 아이 영포자(영어포기자) 만든다'는 기사를 읽었다. SDA삼육외국어학원 최길호 대표이사는 "학원에 아이를 데려와 다음 달 중간고사에서 점수를 확 올려달라는 부모를 만나면 갑갑하다. 3개월 만에 귀가 열리고 입이 열린다는 광고는 거짓말이다. 영어는 오랜 시간을 투자해야 하는 과목"이라고 쓴소리를 했다. '영어에는 왕도가 없다'는 평범한 말이 진리에 가깝다는 조언이다.

    그는 영어를 농사에 빗대 설명했다. 좋은 농부란 땅부터 기름진 옥토로 만드는 사람이다. 수확만 생각하고 비료와 농약을 마구 뿌려대면 땅은 점점 산성으로 바뀐다. 어릴수록 영어에 스트레스를 받지 말고 즐겨야 한다. 날마다 시험이나 암기 공부로 영어를 대하면 아이가 힘들어하고 영어를 두려워한다. 결국 '영포자'가 되고 만다. 편안한 환경에서 재미있는 이야기를 듣고 함께 노래하고 게임 하는 놀이로 영어를 한다면 실력은 쑥쑥 커진다고 말했다.

    이 기사를 읽고 내가 생각하는 방향이 틀리지 않았음을 알았다. 아이는 잘 자라고 있다. 아이보다 늘 앞서나가는 엄마의 급한 마음이 문제다. 남과 비교했을 때 내 아이가 떨어진다는 생각이 마음을 조급하고 바쁘게 만든다. 그러다 보면 자꾸 아이에게 공부하라는 잔소리를 하게 된다. 그럴수록 아이는 더 공부하기 싫어한다. 할 수만 있다면 미루고 회피하려고 한다. 남이 하라고 해서 하는 일은 재미가 없기 때문이다. 아이는 싫어하는 일을 잘할 수 없다.

2차 세계대전 때 일이다. 가장 좋은 실력을 가진 스위스 시계 장인이 있었다. 그는 나치군에게 질 좋은 시계를 많이 만들라는 협박을 받았다. 장인은 최선을 다해서 만들었다. 하지만 전쟁이 일어나기 전보다 잘 만들지 못했다. 본인도 그 이유를 알 수 없었다. 훗날 어떤 심리학자는 이렇게 설명했다. 그가 시계를 만들 때 마음가짐이 달랐기 때문이라고.

많은 아이는 영어를 잘하고 싶어 한다. 그렇지만 영어가 고생스러운 일이면 하지 않으려고 한다. 스트레스로 다가오면 자꾸 피하고 숨는다. 그러면서 '영포자'의 길을 걷는다. 어른인 우리도 그렇지 않은가! 나 또한 중·고등학교 시절에 영어가 재미없었고 하기 싫었다. 할 수 있다면 안 하고 싶었다. 그러다 대학교 때 영어를 해야겠다고 생각하고 열심히 했다. 그때 했던 영어는 재미있었다. 누가 하라고 말하지 않아도 나 스스로 즐겁게 했다.

나는 아이가 하기 싫은 영어를 억지로 해야 하는 시간을 보내지 않기를 바란다. 그래서 어릴 때 자연스럽게 영어를 익히도록 도와주고 싶다. 아이는 중·고등학교에 가면 어쩔 수 없이 입시 위주의 영어공부를 하게 될 것이다. 그렇기 때문에 그전에 많은 양의 영어를 들려주고 싶다. 아이가 가진 언어 그릇이 차고 넘치도록 말이다. 그리고 엄마가 밤마다 읽어준 영어책을 행복한 추억으로 기억하면 좋겠다. 그 힘으로 아이가 정말 공부해야 할 때 영어로 발목을 잡히지 않기를. 나는 아이가 영어 날개를 달고 가고 싶은 곳으로 힘차게 날아가는 날을 꿈꾼다. 그날을 위해 오늘도 영어를 들려주고 영어책을 읽어준다.

시인 데이비드 커디안은 말했다.

"어린 시절 배운 것은 돌에 새겨지고, 어른이 되어 배운 것은 얼음에 새겨진다."

# 03. 엄마!
# 영어로 말하지 마요!

"Good Morning, my son!"

아침에 아이를 깨우며 영어로 말을 걸었다. 한 손으로 두 눈을 비비며 아이가 일어났다. 아이는 깨자마자 심술 난 목소리로 말했다. "엄마! 영어로 말하지 마요!" 아침에 영어로 기분 좋게 말했는데 돌아온 건 아이의 싫어하는 얼굴이었다. 마음 굳게 먹고 시작한 일인데 금세 힘이 빠졌다.

13개월부터 자주 들려주었던 〈Wee sing for Baby〉 영어 동요. 하도 들어서 익숙했다. 여러 번 따라 불렀더니 어느새 외웠다. 나는 더 이상 노래가 나오지 않아도 부를 수 있었다. 그래서 아이와 놀면서 〈Wee sing〉에 나오는 노래를 하나 불러주었다. 조금 했는데 아이가 손으로 내 입을 막았다. "엄마, 노래 부르지 마요." 아이는 정말 싫어했다. 나는 바로 멈췄다. 아이가 거부하면 그만해야 하니까.

나를 아주 사랑해주시는 한 외국인 부부가 있다. 대학교 1학년 때 만난

Williams 부부. 나는 이들과 Free Talking을 하면서 굉장히 친해졌다. 그분들은 'Friday night'이라며 금요일마다 나를 자주 초대해주셨다. 나는 교수님 댁에 가서 다른 문화를 경험했다. 그분들은 나를 딸처럼 여겨주시며 예뻐해 주셨다. 두 분 덕분에 영국 자원봉사 준비도 쉽게 할 수 있었다. 나에게는 제2의 부모님 같은 분들이었다.

내가 Mrs. Williams에게 아이에게 영어책을 읽어주고 있다고 말했다. 그랬더니 영어책을 읽어주는 일과 더불어 아이에게 생활 속에서 영어로 말을 해주라고 조언을 해주셨다. 그러면 아이가 영어를 자연스럽게 받아들이면서 자란다고 했다. 방법으로는 날마다 일정 시간을 정해서 영어로 말하기, 또는 일주일 중에 하루를 정해서 그 날은 영어만 말하기였다. 영어를 오랜 시간 가르치셨던 분의 이야기라서 귀담아들었다.

하지만 막상 아이에게 영어로 말하려니 무슨 말부터 해야 좋을지 막막했다. 이번 기회에 아이에게 영어로 말하면서 내 말하기 실력을 길러야겠다고 다짐했다. '문장을 하나씩 외우고 아이에게 바로 써먹어야지. 이보다 더 좋은 실전 영어는 없겠다'고 생각했다. 당장 책부터 사기 위해 인터넷을 검색했다. 그리고 나는 시작부터 길을 잃었다. 무슨 책을 사야 좋을지 모르겠다. 그러다 〈Hello 베이비 Hi 맘〉 책을 알게 되었다.

〈Hello 베이비 Hi 맘〉은 아이에게 영어로 말할 수 있는 표현이 가득했다. 내가 하고 싶은 표현들이 잘 나온 책이었다. 나에게 맞는 책을 찾느라고 고생했지만 발견하니 기뻤다. 나는 문장을 하나씩 외워서 상황에 맞게 여러 번 아이에게 들려주기로 결심했다. 앞으로 아이에게 영어로 말할 생각에 가슴이 두근거렸다.

그렇지만 처음 시작할 때의 설렘과 기분 좋은 도전은 금방 실패로 끝났다. 아이는 내가 한 문장을 외워서 써먹을 때마다 내 입을 막아버렸다. "엄마, 영어로 말하지 마세요"라고 외쳤다. 나는 차마 "네 영어에 좋다니까 하는 거야"라고 말할 수 없었다. 내 '엄마표 영어'의 목적은 아이가 영어를 자연스럽게 듣게 하는 것인데, 그걸 엄마가 무슨 의도를 갖고 한다고 하면 아이가 피할 것 같았다.

　그래서 "엄마가 영어 말하기 연습하려고 하는 거야"라고 돌려서 말했다. 그러면 하라고 할 줄 알았다. 하지만 아이의 반응은 한결같았다. '엄마가 영어로 말하는 게 싫다'였다. 이런 단호박을 봤나. 한 번쯤은 기분 좋게 엄마가 영어로 말하는 것을 듣고 있을 수 있는 거 아닌가?

　'그래, 처음에는 낯서니까 거부할 수 있지' 하고 생각했다. 아이에게 영어로 말하기를 한 번 해보고 바로 포기하기는 아까웠다. 내 말하기 실력을 기르기에 좋은 방법이었기 때문이었다. 나는 작전을 바꿨다. 아이가 잊을 만하면 한 번씩 들려주기로. 그런데 내가 영어로 말할 때마다 아이는 손으로 내 입을 막았다. 10번 찍어서 안 넘어가는 나무는 없다는데… 어찌 된 일인지 내 아이는 아니었다. 이렇게 가면 오히려 아이가 영어를 싫어하겠다고 생각했다. 내 영어를 연습할 수 있는 다른 방법을 찾기로 했다.

　다음으로 아이가 DVD를 볼 때 옆에서 같이 보면서 따라서 말하기를 선택했다. DVD에는 생활에서 쓸 수 있는 표현이 많이 나왔다. 더구나 영어 자막이 있으니 살아있는 영어교재였다. 영어공부 방법으로 미드(미국드라마)나 영화를 보고 쉐도윙(대사를 똑같이 따라서 말하기)을 많이 추천하지 않는가. 나는 '아이 DVD 보는 시간을 내 영어공부 시간으로 만들어야지' 했다. 아이는 DVD를 하나를 보면 질릴 때까지 무한 반복해서 봤다. 이런 성향이기 때문에 나는 같은 문장을 익숙할 때까지 말해볼 수 있었다. 그래서 바로 도전했다. 그러나 아이는 "엄마 DVD 따라 말하지 마요" 얘기했다. "노래도 따라 부르지 마요." 아니, 엄마가 영어 말하기를 연습하려는데 도대체 왜 이렇게 자꾸 막는 것인가! 아이가 질색이니 이 방법도 거두었다.

아이는 유일하게 엄마가 영어 그림책 읽어주는 일만 허락했다. 아이 앞에서 영어로 말할 기회는 이 시간밖에 없었다. 갑자기 영어책 읽어주는 데에 아무 말 없이 듣고 있는 아이가 고마웠다. 아이는 돌아다니면서 들어도 그만 하라며 입을 막지 않았다. 아무리 좋다는 방법도 아이가 거부하면 할 수 없다. 여러 번 해봤는데도 아이가 싫다면 어쩌겠는가. 내가 바꿔야지. 절이 싫으면 중이 떠나야지. 별수 있겠는가. 그러면서 다시 깨달았다. 아이를 키우는 일은 내 계획대로 되지 않음을 말이다. 나는 아이에게 날마다 그림책을 읽어주는 것만으로도 충분하다고 생각하기로 했다. 그리고 돌아보니 '엄마표 영어'를 한답시고 내 욕심으로 이것저것 일을 벌이지 않게 해준 아이에게 고마웠다.

나는 다시 방향을 잡았다. 영어를 많이 들려주기 위해서 아이가 거부하지 않는 것만 하겠다고 마음먹었다. 지금처럼 CD를 틀어서 흘려듣기 많이 하기, 하루에 1~2시간 DVD 보기, 잠자기 전에 영어책 3~5권 읽어주기. 3가지만 꾸준하게 가기로 했다. 이것만 10년을 가도 괜찮을 것이다. 내가 처음 마음먹고 시작한 '영어를 편안하게 듣는 아이'의 목표는 이룰 수 있으리라.

나는 아이 영어책을 읽어주면서 거기에 나오는 문장을 외우기로 했다. 그러면 내 영어 실력도 점점 좋아지겠지. 모로 가도 서울만 가면 되지 않겠는가. 방향이 맞다면 가는 방법은 어느 것이든지 괜찮다. 자동차를 타고 가도 된다. 기차를 이용해도 좋지. 더 빨리 가고 싶다면 비행기를 선택하면 되고. 무엇을 고르든지 서울에 갈 수 있다. 생활 속에서 영어가 편한 환경을 만들어주기만 하면 되지 않은가! 내 아이가 정답이다. 아이가 보여주는 말, 태도, 행동을 따라야 한다. 남들이 아무리 좋다고 말해도 아이가 "아니야"라면 끝인 것이다. 나는 아이를 키우면서 내 계획을 점점 내려놓는다. 그리고 '이 길만이 답이야. 무조건 이렇게 해야 해'라는 극단의 태도를 버린다. 방법에 융통성이 생긴다. 결국 아이는 나와 다른 인격체임을 인정하게 된다.

이런들 어떠하리 저런들 어떠하리
만수산 드렁칡이 얽어진들 어떠하리
우리도 이같이 얽혀서 백 년까지 누리리라

**- 이방원, '하여가'**

이방원의 '하여가'이다. 아이를 키울 때 이런 마음을 가지면 어떨까? 이렇게 해도 좋고 저렇게 해도 괜찮다. 육아에서 무조건 맞는 답은 없다. 마음의 여유를 가지고 길게 보면서 가자. 엄마표 영어 10년, 바쁘고 급할 이유가 없다. 즐겁고 편안하게 하나씩 아이에게 맞는 방법을 찾아가는 긴 여행이다. 그렇게 함께 가다 보면 목적지에 다다랐을 때 아이는 자신의 길을 스스로 걷고 있을 것이다.

# 04. 영어유치원을 보내야
# 영어를 잘한다고?

"정말 고민이에요. 우리 아이가 5살이 되는데요. 영어유치원이 좋을까요? 아니면 일반유치원을 보내야 할까요?"

11월이 되면 엄마들은 바쁘다. 그들은 아이를 어디 보내야 좋을지 고민한다. 그리고 내 아이에게 맞는 곳을 찾기 위해서 여기저기 입학 설명회에 다닌다. 아이가 5살이 되면 보낼 수 있는 곳이 많아진다. '어린이집, 유치원, 영어유치원' 아이가 갈 수 있는 교육기관은 크게 3가지다. 특히 영어유치원을 보내느냐 마느냐로 걱정한다.

먼저 우리 동네에 있는 영어유치원을 검색한다. 그리고 일정을 잡고 유치원 설명회 탐방을 다닌다. 꼭 영어유치원에 보낼 생각은 아니다. 왜 그렇게 많은 부모들이 영어유치원을 보내고 싶어 하는지도 궁금하다. 그렇지만 막상 설명회에 가면 부모는 흔들리기 시작한다. 좋은 시설. 예쁘게 교복을 입고 외국인과 편하게 대화하는 아이들의 모습. 아이들이 영어책을 술술 읽는 장면. 집에서 만들어줄 수 없는 영어환경. 할 수 있다면 아이를 영어유치원에 보내고 싶다.

요즘에는 코딩수업을 하는 영어유치원도 생겼다. "우리는 영어교육기관 최초로 카이스트 출신 연구원이 개발한 코딩교육을 합니다. 교육환경이 변하고 있어요. 2018년에는 소프트웨어 과목이 정규 과목이 되는데요. 우리는 영어와 코딩을 접목해 컴퓨터 코딩 실습 교육을 합니다. 블록 코딩부터 시작해서 순차, 반복, 패턴 등을 흥미로운 방식으로…." 100% 영어로 수업을 진행한다고 영어유치원 원장이 설명한다.

그의 설명을 듣자니 눈과 귀가 번쩍 뜨인다. 평소 영어조기교육을 반대했던 영어교육과 교수가 있다. 그조차 영어유치원 입학 설명회를 다녀온 뒤에 아이를 영어유치원에 등록시켰다는 이야기가 있을 정도다. 그만큼 아이의 영어를 생각하는 부모라면 영어유치원의 유혹을 떨쳐버리기가 어렵다.

영어유치원은 유치원이 아니다. 정확하게 말하면 '유아어학원'이다. 우리나라에서 영어유치원은 학원으로 등록되어있다. 그렇지만 안에서 이루어지는 실제 수업은 유치원에서 하는 것에 가깝다. 그래서 우리는 편하게 '영어유치원'으로 부른다. 영어유치원은 크게 언어습득능력을 목표로 하는 학습형, 일반유치원처럼 '인성, 체험, 체력, 놀이'를 중심으로 하는 놀이형으로 나눌 수 있다. 수강료는 50만 원부터 200만 원까지. 차이가 아주 크다.

아이가 영어유치원을 다니면서 원어민 선생님과 요리를 한다. 영어로 노래를 부르고 영어책을 줄줄 읽는다. 디즈니 만화를 한글 자막 없이 편안하게 본다. 부모는 외국인과 말할 때 영어 울렁증이 있다. 하지만 내 아이는 발음까지 원어민에 가깝다. 이런 아이를 보면 영어유치원에 달마다 내는 100만 원이 아깝지 않다.

아이들은 어릴수록 다른 나라말을 쉽게 배운다. 우선 귀에 들리는 대로 흡수한다. 그리고 모방을 잘한다. 그래서 원어민에 가까운 발음과 강세로 말할 수 있다. 새로운 것에 호기심이 많다. 그러다 보니 외국어를 대할 때 어른과 다르게 거리낌이 없다. 이러한 특성으로 인해 아이가 영어유치원을 2~3년 제대로 다니면 상당한 수준의 영어를 구사할 수 있다. 그리고 영어유치원에 다니면서 영어에 날개를 다는 아이들이 있다. 영어 실력을 높이는 데 효과를 보는 것이다. 하지만 영어유치원에 다니는 모든 아이가 다 그렇지는 않다.

"어머님들 생각하시는 것만큼 아이들은 스트레스받거나 힘들어하지 않아요. 되게 즐거워해요." 과도한 학습으로 불안해하는 엄마들의 물음에 영어유치원 원장은 아이들이 괜찮다고 말한다. 그러나 영어유치원 안에서 이루어지는 활동을 자세히 살펴보면 꼭 그렇지 않다. 파닉스(발음 훈련), 단어 암기, 듣고 따라 말하기, 쓰기를 기본으로 시킨다. 눈에 보이는 영어 실력을 높인다는 정확한 목표가 있기 때문에 그에 맞게 반복 학습한다.

이런 학습 방법이 맞지 않는 아이들이 있다. 그 아이들은 영어유치원에서 보내는 시간 동안 좌절을 맛본다. 우리말 뜻도 잘 모르는 단어를 외워서 시험을 봐야 한다. 외우기를 잘 못 하는 아이들은 스트레스를 받는다. 숙제도 있다. 앉아서 학습하기 싫어하는 아이들은 힘들어한다.

무엇보다 아이들은 영어유치원 안에서 어릴 때부터 비교하게 된다. 아이는 누가 굳이 말해주지 않아도 안다. 저 친구가 나보다 영어를 잘한다는 것을. 아이는 '나는 잘 못 하는데…'라고 생각한다. 영어를 잘하고 싶지만 언어에 뛰어난 아이를 따라가기 어렵다. 그리고 영어유치원에 다닌다고 하면 자꾸 주변에서 영어로 말해보라고 시킨다. 아이는 누구 앞에서 말하기 쑥스럽다. 이런 경험이 쌓일수록 영어가 싫어진다.

하물며 영어유치원에 내는 돈이 얼마인가! 달마다 100만 원 넘는 돈을 쓰는데 눈에 보이는 효과가 없다면? 어느 부모가 '영어 못해도 괜찮다, 재미있게 놀면서 배우라'며 아이를 영어유치원에 보낼까? 그러다 보니 영어유치원에서는 누구나 느낄 수 있는 학습 성과를 내려고 한다. 그렇기 때문에 아이에게 지나치게 부담을 주는 경우가 생긴다.

다음은 2009년 〈사교육 걱정 없는 세상〉 영어 사교육 포럼 1차 토론회 발제문에서 전 S 학원 교수부장이 말한 내용이다.

"처음에는 그럴듯한 시설로 학부모를 끌어들일 수 있다. 하지만 아이가 학원에 다니는 동안 특별한 효과를 보지 못하면 언제든 금방 다른 학원으로 옮겨갈 수 있다. 그래서 학원장들은 항상 불안할 수밖에 없다. 이 때문에 학원 입장에서는 학부모에게 투자 효과, 즉 학습 효과를 확실하게 눈에 보이도록 확인시켜야 하는 부담이 있다. 가장 확실한 방법은 아이가 유창하게 영어로 말하는 것을 보여주는 것이다. 그렇지만 실제로 가장 어려운 부분이다. 그래서 영어책을 줄줄 읽어 내리는 모습을 통해 효과를 보여주려 하게 된다. 그렇다고 자연스러운 노출을 통해 단기간에 아이가 문자를 해득하기는 어디 쉽겠는가? 그러다 보니 6살짜리 아이에게 단어 암기, 쓰기 숙제, 스펠링 시험까지 등장하게 되는 것이다."

처음에는 부모가 집에서 그만큼 해줄 수 없으니까, 아이가 자연스러운 환경 속에서 즐겁게 영어를 배우길 바라는 마음에 보냈을 것이다. 그런데 달마다 100만 원 넘는 돈이 들어가는데 '내 아이가 좀 못하면 어때' 하고 마음 편안하게 기다릴 사람이 얼마나 될까? 그러다 보면 나도 모르게 어느 정도 결과가 나와야 한다고 여기기 마련이다. 그리고 돈에 비해 아이가 보여주는 실력이 낮으면 실망한다. 자꾸 아이를 다그친다. 어느새 아이에게 영어는 외워야 하고 억지로 말해야 하는 공부로 바뀐다. 결국 영어로 스트레스를 받는다. 영어가 부담스러운 일이 된다.

영어를 배울 때 최대 적은 '공포'와 '싫다'는 감정이다. 이런 생각이 들어가면 아이는 영어를 거부한다. 아직 학교에 들어가지 않았는데 벌써 영어가 싫어지면 앞으로는 어떻게 해야 하는 걸까. 중·고등학교 때 영어가 계속 따라 다닐 텐데. 이런 경우 영어유치원은 초등학교에서 학습을 시작하기 전에 첫 단추부터 잘못 낀 셈이 된다. 그 뒤로 아이가 영어에 좋은 느낌을 갖도록 마음을 바꾸는 데 더 많은 시간과 노력이 필요하다.

무엇보다 영어유치원에 다닐 때 유창하게 영어를 말하던 아이도 초등학교에 들어가서 영어를 안 쓰면 까먹는다. 영어유치원에 비해 초등학교는 영어를 듣는 시간이 턱없이 부족하다. 영어로 말할 기회도 별로 없다. 다음은 나와 같이 일했던 선생님의 이야기다.

아이를 영어유치원에 보냈다고 했다. 그런데 학교에 들어가니 그전에 나름 잘 말하던 영어가 점점 줄었단다. 중학생이 되어서는 평범하게 영어를 한다고 말했다. 유아영어는 말하는 환경이 안 되면 쉽게 잊어버린다. 그렇기 때문에 초등학교에 들어가서도 계속 영어를 할 수 있는 환경을 만들어

쥐야 한다. 진짜 실력은 어른이 되어서 영어를 잘 써먹을 수 있는지에 달렸다. 유치원에서 배운 영어는 아이의 인생에서 아주 작은 부분일 뿐이다. 영어는 긴 시간 많은 양이 쌓여야 하는 장거리 여행이다.

영어를 잘하기 위해서 영어유치원만이 정답은 아니다. 오히려 가성비 최고인 '엄마표 영어'로 자연스러운 환경 속에서 내 아이에 맞게 꾸준하게 가는 것도 한 방법이다. "최후에 웃는 사람이 승자"라는 속담이 있다. '엄마표 영어'는 시간이 흘러 영어가 충분하게 쌓였을 때 빛난다. 그렇기 때문에 오늘도 아이는 놀면서 영어를 흘려듣는다. 좋아하는 주제의 DVD를 마음껏 본다. 잠자기 전에 엄마가 읽어주는 영어책을 듣는다. 이 세 가지를 집에서 10년 동안 꾸준하게 해준다면 영어를 편하게 느끼는 아이로 자랄 것이다.

# 05. 영어?
# 닥치고 Listening!

"엄마!"

둘째 아이는 요즘 엄마를 제법 많이 부른다. 얼마 전까지만 해도 아무 의미 없는 소리만 냈다. 이제는 어느 정도 정확하게 엄마를 말한다. 둘째 아이는 "아빠"를 말하지 않는다. 나와 남편은 종종 이야기한다. "얘는 언제 아빠를 말할까?" 첫째 아이는 엄마보다 아빠를 더 많이 불렀는데…. 그러고 보면 애마다 참 다르다. 그렇지만 대부분 많은 아이가 "엄마, 아빠"로 첫 단어를 말한다. 가장 익숙하고 발음하기 쉽기 때문이다. 다른 나라 아이들도 비슷하다.

아이가 "엄마, 아빠"를 의미 있게 말하기까지 대체로 12~13개월 정도 걸린다. 첫 단어를 내뱉는 시기는 아이마다 조금씩 다르다. 그러면 말하기 위해 12개월 동안 아이는 무엇을 했을까? 우선 깨어있는 동안 계속 말을 듣는다. 그리고 옹알이를 통해서 소리내기를 무한 반복 연습한다. 그래서 아이가 어릴 때 부모가 말을 많이 들려주는 경우, 아이의 언어 발달이 빠르다고 한다. 이 또한 아이 성향에 따라 다르기도 하다. 아무튼 귀가 열려 있는 아이는 주변의 말소리를 한없이 듣고 있다. 그렇다면 아이가 듣는 시간은 얼마 정도일까? 365일 동안 자는 시간을 빼고 14시간 들었다고 계산해보면 5,110시간이다. 5,000시간 가까이 소리가 쌓였다는 말이다.

　대부분 아이들은 12개월이 지나면 첫 낱말을 말하기 시작한다. 그리고 하루가 다르게 말할 수 있는 단어가 늘어난다. 18개월 정도 되면 아이의 어휘력은 폭발, 성장한다. 그래서 말이 빠른 아이는 약 50개의 낱말을 말할 수 있다. 이해하는 단어는 그보다 훨씬 많다. 아이들이 새로운 단어를 배우는 속도는 굉장히 빠르다. 24개월쯤 되면 두 단어를 합쳐서 간단한 문장으로 말하기 시작한다. 그러는 동안 아이는 모국어를 계속 듣는다.
　보통 24개월부터 36개월 사이에 아이들은 말로 간단하게 의사소통을 한다. 쓰기는 어렵지만 듣고 말하기를 잘할 수 있다. 나는 첫째 아이가 14개월부터 24개월까지 아이가 새롭게 말하는 단어를 기록한 적이 있다. 하루가 다르게 표현하는 단어가 늘어나는 모습을 보고 굉장히 놀랐다. 그리고 아이가 24개월 되었을 때 이 일을 멈췄다. 왜냐하면 더 이상 다 쓸 수 없을 정도로 많은 새로운 단어로 말했기 때문이다. 이때까지 듣기로 쌓인 시간을 계산해보면 10,000시간이 넘는다. 아이들은 10,000시간 넘게 듣고 말하기를 연습한다. 이 시간을 채우려면 하루에 2시간씩 듣는다고 했을 때 5,000일이다. 3시간이라면 3,333일. 날마다 3시간씩 했을 때 약 10년이 걸린다.

　그럼 외국어는 어떨까? 외국어도 모국어와 같은 순서로 배운다. 우선 아이는 다른 나라말을 들어야 한다. 외국어는 우리말에 없는 소리가 많다. 우리가 가장 많이 배우는 영어를 살펴보자. 한국어와 영어는 굉장히 다른 언어다. 먼저 어순이 다르다. 한국어는 '주어+목적어+서술어'의 형태가 기본이다. 영어는 '주어+서술어+목적어'이다. 단어가 다르다. 억양이 다르다. 두 언어는 공통점이 별로 없다. 그렇다 보니 모든 것을 새롭게 배워야 한다.

이렇게 우리말과 다른 영어에 익숙해지려면 많이 들어야 한다. 영어 학습을 다룬 책들을 살펴보면 들어야 귀가 뚫린다고 말한다. 귀가 열리려면 다른 방법이 없다고. 무조건 자주 많이 들으라고 한다. 아이가 영어를 배울 때도 마찬가지다. 어떻게든 아이가 영어를 들을 수 있는 환경을 만들어 줘야 한다.

어른과 아이의 차이가 있다면 자발성이다. 어른은 영어공부를 해야 하니까 스스로 소리를 찾아서 듣는다. 하지만 아이는 영어를 들어야 할 필요가 없다. 아이의 삶에 영어는 있으나 없으나 큰 차이가 없다. 영어를 못 알아들어도 사는 데 문제가 없다. 그러니 누군가 영어를 들을 수 있게 해 줘야 한다.

아이가 영어를 하려면 가장 먼저 자꾸 듣는 환경을 만들어주는 것이 필요하다. 듣기 환경 만들기는 아이 스스로 할 수 없기에 엄마가 해줘야 한다. 가랑비에 옷 젖듯이 알게 모르게 영어를 들어서 익숙하고 편한 소리로 느끼게 하면 된다.

아이들은 재미있어야 한다. 억지로 시키면 하지 않는다. 불편하면 운다. 그렇기 때문에 영어를 들려줄 때도 이런 아이의 모습을 늘 생각한다. 아이가 하기 싫다고 거부하기 시작하면 마음 돌리기가 어렵다. 그래서 아이가 꺼리기 전에 그것을 좋아하거나 편하게 느끼도록 만들어주려고 노력한다.

나는 엄마표 영어를 10년 목표로 잡았다. 이때 오로지 아이의 소리 그릇만 채우기로 마음먹었다. 인풋(input)에만 집중한 것이다. 나에게는 아이가 영어로 유창하게 말하는 아웃풋(output)은 중요하지 않다. 그래서 아이가 잘 이해하고 있는지 '확인하기', '말하기', '쓰기'는 시키지 않는다. 그저 듣고 또 듣는 환경만 만들어준다. 아이의 영어 아웃풋에 목숨 걸지 않는다. 자칫하면 아이가 영어를 거부할 수 있기 때문이다. 서로 힘들게 갈 필요가 없다. 기분 좋게 가도 길게 가야 하는 길이라 지칠 수 있는데. 뭐하러 사서 고생을 하나. 마음이라도 편하게 가야지.

말하기를 좋아하는 아이라면 내가 하라고 하지 않아도 듣다가 말할 것이다. 쓰기를 좋아하는 아이는 쓰라고 하지 않아도 쓸 것이다. 아이는 재미있다고 느끼면 누가 하라고 하지 않아도 스스로 한다. 이게 아이들의 특성이다. 그래서 나는 아이에게 영어를 많이 들려주는 환경을 만드는 일에만 마음을 쓴다.

2018년에 방탄소년단 리더 RM의 영어 실력이 큰 관심을 모았다. 그는 유엔 정기총회에서 깔끔하고 정확한 표현으로 연설했다. 어떻게 이런 영어 실력을 갖게 되었을까? 외국 방송에서 그가 밝힌 방법은 '엄마가 사다 준 〈프렌즈〉 시트콤을 반복해서 보고 따라 했다'였다. 계속 듣고 따라 하다 보니 영어가 자연스럽게 늘었단다.

더불어 내가 2005년에 자원봉사 휴가를 받아서 스페인을 여행할 때였다. 고등학교 1학년 남자아이를 게스트하우스에서 만났다. 그는 방학이라 혼자 여행한다고 했다. 영어를 굉장히 잘했다. 어떻게 영어 실력을 길렀냐는 내 물음에 말했다. "중학교 때 아빠가 영화를 보라고 했어요. 그래서 내가 좋아하는 영화를 계속 반복해서 봤어요. 그걸 3년 했더니 지금처럼 되었어요." 두 가지 사례를 보더라도 결국 영어는 듣기가 충분히 쌓여야 말하기로 연결된다는 공통점이 있다. 쓰기는 그다음이다. 듣기와 말하기가 돼야 쓰기까지 갈 수 있다.

결국 듣기를 빼고는 영어를 제대로 배울 수 없다. 그래서 나는 엄마표 영어를 하면서 어떻게 아이가 영어를 많이 듣게 할지를 늘 생각했다. 아이가 기피하지 않으면서 가야 했기에 언제나 아이의 반응을 살폈다. 나에게 중요한 아웃풋은 아이의 태도다. 아이가 "CD 꺼, DVD 꺼. 영어 말하지 마"를 하지 않는 것이다. 내가 틀어놓는 CD를 놀면서 듣고 있다. 내가 산 DVD 중에서 아이가 보고 싶은 것을 하루에 1~2시간 재미있다며 본다. 잠자기 전에 읽어주는 영어책을 내 옆에서 가만히 듣고 있다. 이런 모습이면 만족했다. '휴, 다행이다. 오늘도 잘해냈구나'며 가슴을 쓸어내렸다. 그게 아이가 영어를 싫어하지 않는다는 말이니까. 그래서 아이가 안 보겠다는 DVD는 미련을 갖지 않았다. 틀지 말라는 CD는 틀지 않았다. 읽지 말라는 영어책은 읽어주지 않았다. 아이가 좋다는 것만 해줬다.

날마다 영어책을 읽어주면서 나는 차라리 늘어나는 내 영어 유창성에 집중했다. 우리는 나는 잘 못 하면서 남이 하는 건 어렵지 않게 생각할 때가 많다. 그래서 아이는 싫다는데 자꾸 해보라고 시킨다. 나는 영어로 말하기 쑥스러운데 아이는 왜 내 앞에서 영어로 말해야 하는 걸까. 나는 아이도 나와 동등한 인격체로 대해줘야 한다고 본다. 더구나 아이의 영어는 내 것이 아니다. 그러니 내 영어 실력 기르는 일에 관심을 기울이는 게 더 낫다.

아이 영어 아웃풋은 내려놓자. 어제보다 더 나아진 내 영어 발음, 문장 읽어주는 유창성에 눈을 돌리자. 영어를 소리 내서 읽는 것. 영어 실력을 기르기 제일 좋은 방법이다. 세계적으로 유명한 고고학자 하인리히 슐리만(Heinrich Schilemenn)은 자서전에서 그만의 외국어 공부 방법을 밝혔다. 그는 독학으로 15개 국어를 공부했는데 비결은 '낭독'이었다. 그러니 내 영어 실력을 키운다는 생각으로 날마다 아이에게 영어책을 읽어주자.

아이가 어릴 때 영어 듣기와 더불어 한글책을 많이 읽어줘야 한다. 외국어는 모국어 수준을 뛰어넘지 못한다. 모국어보다 못한 단계로 간다. 그렇기 때문에 모국어의 실력을 높이도록 도와주면 좋다. 그러려면 책보다 더 좋은 것은 없다. 일상생활에서 엄마나 아빠가 들려주는 단어에는 한계가 있다. 하지만 책을 읽어주면 여러 가지 지식과 어휘를 자연스럽게 배운다. 영어책보다 더 많은 한글책을 읽어줘야 한다. 그래야 모국어가 자라고 영어도 같이 쌓인다.

철학자 에픽테토스는 말했다. "어떠한 일도 갑자기 이루어지지 않는다. 한 알의 과일, 한 송이의 꽃도 그렇게 되지 않는다. 나무의 열매조차 금방 맺히지 않는데 하물며 인생의 열매를 노력도 하지 않고 조급하게 기다린 것은 잘못이다."

영어는 하루아침에 완성되지 않는다. 충분한 양이 쌓여야 값진 열매를 맛볼 수 있다. 그러니 아이의 아웃풋에 관심을 끄자. 그리고 내 아이가 좋아하는 주제로 영어를 꾸준하게 들려주자. 자꾸 듣고 또 들어서 아이가 가진 소리 그릇을 차고 넘치게 만들어주면 어떨까?

# 06. 영알못 엄마도
# 영어 좋아하는 아이 만들 수 있다

잠자기 전, 둘째 아이는 내 옆에 누워서 분유를 먹는다. 첫째 아이는 한쪽에서 내가 읽어주는 책을 본다. 두 아이는 각자 편한 자세로 엄마가 읽어주는 책을 듣는다. 잠자기 전 책 읽어주기. 날마다 밥 먹듯이 하는 일이다. 아무리 피곤하더라도 한글책과 영어책을 1권씩 꼭 읽어준다. 첫째 아이가 "엄마 이제 그만 읽어주세요" 하기 전까지 읽어줘야지 마음먹고 시작한일. 어느새 5년째 하고 있다. 이제는 우리 집 책 읽기 문화로 자리 잡았다.

첫째 아이는 엄마가 잠자기 전에 책 읽어주는 것을 당연하게 생각한다. 둘째 아이는 이제 돌이 갓 지난 지라 책에 큰 관심은 없다. 그래도 오빠 읽어줄 때 앉아서 잠깐 듣기도 한다. 둘째 아이는 내가 책을 읽어주면 그림을 한 번 쓱 보고는 돌아다닌다. 시간이 흐르면 둘째 아이도 내 옆에서 듣고 있겠지. 나는 마음을 편안하게 먹고 첫째 아이가 고른 책을 읽어준다.

나는 첫째 아이 13개월부터 책을 읽어주기 시작했다. 책 육아, 엄마표 영어를 같은 시기에 알았다. 그래서 한글 그림책과 영어 그림책을 같이 읽어줘야겠다고 생각했다. 어릴 때는 한글 그림책을 더 많이 읽어줬다. 그때만 해도 아이에게 무슨 영어책이 좋은지 몰랐다. 그래서 여러 가지 영어책이 한 권으로 묶인 두꺼운 책을 샀다. 처음 고른 책은 〈The Family Bedtime Treasury〉였다. 잠자기 전에 읽어주기 좋은 영어 그림책을 모아놓은 것이었다. 유명하다는 그림책들이 함께 묶인 책이어서 좋았다. 처음에는 매일 이야기 한 개를 한 달 동안 반복해서 읽어줬다. 9개 이야기가 있어서 9개월 동안 읽었다. 그다음으로는 〈The Family Storybook Treasury〉를 선택했다. 이때는 일주일 동안 한 개를 반복해서 같이 봤다. 그렇게 쉽게 시작했다. 그러면서 점점 영어에 필요한 것들을 하나씩 샀다. 그리고 내 아이만을 위한 자연스러운 영어 노출 환경을 만들어갔다.

## ★ 자연스러운 영어 노출 환경 만드는 법 ★

### 1. 잠자기 전에 날마다 책 읽어주기

한글 그림책과 함께 〈The Family Bedtime Treasury〉, 〈The Family Storybook Treasury〉를 잠자기 전에 읽어주었다. 무슨 일이 있어도 이 한 가지는 지키려고 했다. 집에 책이 몇 권 없어서 달마다 조금씩 샀다. 나는 처음부터 전집을 들이지 않았다. 그보다는 아이가 좋아할 내용이 있는 그림책을 찾았다. 책이 별로 없으니 같은 책을 반복해서 읽어주었다. 찢어진 책은 테이프로 붙여가며 읽었다. 우리의 손때 묻은 책들이 참 소중했다.

내가 처음 책을 읽어줄 때 아이 반응은 '지금 엄마가 뭐하는 거지?'라는 얼굴이었다. 아이는 책표지를 덮었다 폈다 반복했다. 또는 자기가 넘기고 싶은 대로 넘겼다. 그러면 나는 그냥 아이가 하는 대로 두었다. 그렇게 시간이 흘렀다. 그러자 아이가 내 옆에 앉아서 듣는 시간이 늘었다. 그리고 내가 읽어주는 내내 귀를 쫑긋하고 들었다. 첫째 아이는 특별히 한글책, 영어책을 가리지 않았다. 그저 엄마가 읽어주는 대로 들었다. 한글책과 영어책을 날마다 같이 읽어주니까 당연하게 받아들이는 것 같았다.

### 2. 밥 먹는 동안에 영어 동요, 이야기 CD 틀어주기

아이가 이유식을 먹는 동안 잔잔한 영어 동요인 〈Wee Sing for baby〉를 들려주었다. 빠르지 않아서 듣기 좋았다. 첫째 아이는 엄마가 먹여주는 음식을 먹지 않았다. 자기 손으로만 먹으려고 했다. 그래서 음악을 들으며 자유롭게 먹게 했다. 어떤 날은 〈The Family Storybook Treasury〉 이야기 CD를 틀어줬다. 그러면서 자연스럽게 영어를 듣게 했다.

### 3. 잠자는 동안에 이야기 영어 CD 틀어주기

잠자는 동안에는 영어 성경 이야기 CD를 틀어주었다. 내가 고른 것은 〈The Jesus Storybook Bible〉이었다. 성경 이야기를 읽어주는 영어 CD였다. 남자 목소리가 조용해서 듣다 보면 잠이 솔솔 왔다. CD가 3개 딸린 책이었는데 한 달에 1개씩 반복해서 틀었다. 아이는 들으면서 잤다. 나중에는 집에 여러 가지 CD가 생겼고 아이가 좋아하는 것을 골라서 들으며 잠들었다.

## 4. 영어 그림책 양 늘리기

〈The Family Bedtime Treasury〉와 〈The Family Storybook Treasury〉 두 권을 끝낸 뒤에 아이가 좋아할 영어책을 사기 시작했다. 한 달은 한글 그림책을 사들이고 다음 달은 영어 그림책을 골랐다. 어떤 영어 그림책이 좋은지 몰라서 도서관에서 영어 그림책을 소개하는 책을 빌려서 봤다. 책에 나온 영어 그림책 중에서 아이가 좋아할 주제가 있는 책만 선택했다. 그리고 엄마표 영어책에 괜찮다고 나왔던 영어전집은 중고로 들였다. 그러면서 영어책 읽어주는 양을 늘렸다. 1개만 읽어주다가 3~5권으로 갔다. 이야기가 짧아서 읽는 데 시간이 오래 걸리지 않았다.

## 5. 도서관에서 빌리기

어린이도서관에 여러 가지 영어책이 있었다. 그래서 내가 읽어주기 좋은 한 두 줄짜리 영어책을 빌렸다. 그리고 아이가 잘 듣는 영어책은 따로 적어두었다가 중고로 샀다. 아이가 괜찮게 봤던 책들이라서 사도 잘 봤다.

## 6. 영어 DVD 보여주기

나는 첫째 아이가 41개월 때부터 영어 DVD를 보여줬다. 그전까지 집에서 텔레비전으로 영상을 보여주지 않았다. 스마트폰으로도 보여주지 않았다. 그림책을 읽어주고 영어 동요를 들려주는 것만 했다. 그런데 둘째 아이를 임신하고 입덧을 시작하자 도저히 책을 읽어줄 수 없었다. 아이는 4살이었다. 이제는 영어 DVD를 보여줘도 괜찮겠다고 생각했다. 무엇부터 시작해야 좋을까 고민했다. 그러다 〈옥토넛〉으로 골랐다. 아이가 한창 옥토넛 책을 좋아했기 때문이었다. 선택은 성공이었다. 아이는 정말 좋아하면서 봤다. 하루에 1개씩 보기로 하고 시작했다. DVD 1개 보는데 약 30분 정도 걸렸다. 영상 보기에 적절한 시간이었다.

〈옥토넛〉을 시작으로 아이가 좋아할 만한 DVD를 샀다. 그러다 5살 중반에는 아이가 보지 않겠다고 말해서 실패하는 DVD가 생겼다. 몇 번 그런 일을 반복했다. 그 뒤로는 사기 전에 DVD 목록을 뽑아서 유튜브에서 찾아 맛보기로 아이에게 보여주었다. 그중에서 아이가 보고 싶다는 DVD만 샀다. 아이는 6살이 된 지금까지 하루에 1~2개 DVD를 날마다 보고 있다. 여태껏 DVD 보기 싫다는 말을 한 적 없다. 그동안 집에서 영상을 본 적 없었기 때문에 그렇다고 생각한다. 둘째 아이가 태어난 뒤로는 둘째 아이 낮잠 자는 시간에 본다. 텔레비전은 영어 DVD를 볼 때만 튼다. 다른 시간에는 보지 않는다.

## 7. 아이가 놀 때, 차를 타고 돌아다닐 때 영어 CD 틀어주기

DVD 중에 아이가 보지 않겠다는 것들이 있다. 혹은 이미 많이 봐서 더 이상 안 보는 DVD도 많다. 이것들은 아이가 놀 때, 차를 타고 움직일 때 틀어준다. 그러면서 영어를 반복해서 들을 수 있는 환경을 만들어준다.

---

첫째 아이 13개월부터 시작한 엄마표 영어였다. 나는 조금씩 아이에게 맞게 자연스러운 영어환경을 만들었다. 10년을 길게 보고 간 걸음이라서 급하지 않았다. 아이가 좋아하는 것을 하나씩 찾아서 했다. 하다가 잘 모르면 엄마표 영어 관련 책들을 읽었다. 그들의 블로그에 가서 자료를 검색했다. 엄마표 영어를 할 때 엄마의 영어 실력은 중요하지 않았다. 내 아이를 잘 관찰해서 아이가 좋아할 책과 DVD를 고르는 매의 눈이 필요했다. 그리고 CD 틀어주는 손, 책 읽어주는 입만 있으면 되었다. 영어 자료는 너무 많았다. 오히려 그중에서 고르고 꾸준히 해내는 것이 더 어려웠다.

첫째 아이는 영어를 편안하게 대한다. 내가 읽어주는 영어책을 잘 듣는다. 영어 DVD가 재미있다고 말하고 깔깔대고 웃으며 본다. CD와 DVD에서 나오는 소리를 곧잘 따라 말한다. 아이의 영어 발음은 나보다 더 낫다. 나는 어떻게 영어를 발음해야 하는지 하나씩 배워서 알았다. 하지만 아이는 그냥 들으면서 자연스럽게 익혔다. 발음을 따로 가르쳐주지 않아도 아이가 제대로 소리 내는 것을 보면 신기하다. 앞으로는 영어소설 읽기로 나가야겠지. 초등학교에 들어가면 집중 듣기도 해야 할 것이다. 아직도 우리가 가야 할 길이 많이 남았다. 그렇지만 나는 두렵지 않다. 우리만의 속도로 걸어가면 되니까.

# 07. 하루 15분
# 영어 비법

'영어에 편안한 아이 만들기'를 시작하기 위해 우리가 할 일은 무엇일까? 하루 15분 엄마의 몸을 움직이는 것이다. 할 일이 많으면 금방 포기한다. 나에게 어려우면 길게 가지 못한다. 그러니 내가 가장 쉽게 할 수 있는 일로 정해야 한다. 목표는 '우리 아이 영어에 귀 뚫기'다. 이를 위해서 엄마는 몸을 쓰면 된다. 10년 쌓이면 영어에 편한 아이가 내 옆에 있을 것이다. 이제 하나씩 시작해보자.

## ★ 하루 15분 영어 비법 ★

### 1. 시작하기 전

나의 마음가짐부터 새롭게 세운다. 감정은 행동을 움직이게 한다. 기분 좋은 생각을 하면 뇌가 좋아한다. 뇌는 좋은 느낌의 영향을 받는다. 그러면 자연스럽게 몸에 의욕이 생기고 활기가 차오른다. 그 상태에서는 행동으로 옮기기 쉽다. 그렇기 때문에 몸을 쓰기 전에 나에게 즐거운 동기부여를 해주자. 먼저 나에게 맞는 엄마표 영어 관련 긍정 문장을 1개 만든다. 그리고 시작 전에 날마다 선언한다.

"나는 날마다 즐겁게 15분을 쓰겠다."

"나는 하루에 10분 아이 영어책과 한글책을 신나게 읽어주겠다."

"나는 영어책을 소리 내서 읽는 것이 재미있다."

## 2. 준비물

아이에게 자연스러운 영어환경을 만들어주는 데 필요한 것을 마련한다. 엄마가 몸을 조금만 움직여도 할 수 있도록 환경을 구성한다. 그래야 쉽고 길게 간다.

### 1) 엄마표 영어책 3권

최근에 나온 엄마표 영어책을 3권 본다. 영어 그림책, 영어 DVD 단계에 대해 잘 나온 책이면 더 좋다. 아이가 어리다면 어릴 때부터 엄마표 영어를 시작한 사람의 이야기를 읽는다. 아이가 초등학생이면 그 시기에 진행한 책을 찾는다. 내 아이 시작 시기와 비슷한 책을 고른다. 3권 정도 읽으면 어떻게 해야 하는지 감이 온다. 그러면 바로 행동으로 옮긴다. 그리고 하다 보면 어떻게 하면 좋을지 궁금하고 막막하다. 그때마다 책을 찾아본다. 글쓴이가 블로그를 운영한다면 그곳에 가서 이전 글을 검색한다. 그래도 모르면 물어본다. 그러면 친절하게 대답해준다.

## 2) 거실에 DVD 볼 수 있는 기기 1대, 잠자는 방에 놓는 CD 들을 수 있는 기기 1대

먼저 DVD 기계를 텔레비전에 연결해서 보여준다. DVD 기계 자체에서 영상이 나오는 것도 있다. 우리 집 상황에 맞게 가면 된다. 다만 휴대폰으로는 영상을 보여주지 않는다. 아이가 작은 화면을 계속 보는 것은 좋지 않기 때문이다.

잠자는 방에는 소리를 들을 수 있는 기계를 놓는다. 기계 1대를 가지고 거실에서 방으로 옮겨 다닐 수도 있다. 하지만 이것도 자꾸 하다 보면 귀찮다. 그러면 점점 안 하게 된다. 내 몸이 계속 편하게 할 수 있는 방법이 제일 좋다. 소리 듣는 기계는 2대가 있으면 편리하다. 아침에 일어나서와 잠잘 때 바로 틀어줄 수 있도록 방에 1대를 두면 좋다.

## 3) CD 정리함, 바구니

DVD 기계 옆에 놓을 바구니를 준비한다. 그 안에 DVD를 모아놓는다. 요즘에는 DVD 케이스가 얇게 나온다. 그래서 큰 바구니에 넣기 좋다. 두꺼운 케이스에 있는 DVD는 따로 빼서 CD 정리함에 둔다. CD 정리함이든 바구니든 기계 옆에 있어야 한다. 그래야 CD 찾고 빼는 시간이 짧다. 또한 아이에게 정리를 가르치기도 좋다. 다 본 DVD를 바구니에 넣거나 정리함에 끼우면 되기 때문이다.

## 4) 영어책과 책장

읽어줄 책이 집에 많으면 좋다. 정한 돈 안에서 영어책을 산다. 달마다 사기 부담스럽다면 한 달은 영어책, 한 달은 영어 DVD, 한 달은 한글책에 돈을 쓴다. 거실에는 책장을 놓는다. 그리고 가장 빼기 쉬운 자리에 영어 책을 꽂는다. 먼 곳에 영어책이 있으면 가지러 가는 데 시간이 걸려서 안 하게 된다. 바로 빼서 읽어줄 수 있는 곳에 영어책을 두자. 몸을 쓰는 시간을 최대한 줄여야 한다. 그리고 힘을 비축해서 입으로 책을 읽어주는 것이다. 처음에는 내가 읽어주기 만만한 그림책으로 고른다. 그리고 발음이 어떻든지 무조건 읽어준다.

## 5) DVD

아이가 즐겁게 보는 DVD가 집에 많아야 한다. 그래야 아이가 하나씩 기분 내키는 대로 빼서 본다. 한 번에 많이 사지 않는다. 우리 집 수준에 맞게 정한 돈 안에서 산다. 아이가 좋아할 주제의 DVD 목록을 뽑는다. 그리고 어린아이라면 엄마가 그중에서 골라서 몇 개 산다. 조금 큰 아이들은 유튜브로 맛보기를 보여주고 보고 싶은 DVD를 고르게 한 뒤에 산다.

## 6) 블루투스 스피커

휴대폰과 연결하여 영어 동요를 틀어주기 좋다. 휴대폰에 영어 동요를 저장한다. 다운받아도 되고 유튜브로 찾아도 된다. 그리고 밥 먹을 때, 놀 때 영어 동요를 바로 틀어준다.

## 3. 몸을 움직이기

### 1) 책 읽어주기(10분)

하루에 최소 10분 동안 한글책과 영어책을 같이 읽어준다. 잠자기 전에 읽어주는 게 제일 좋다. 한글책을 더 많이 읽어주고 영어책은 하루에 한 쪽 읽어주겠다는 생각으로 한다. 한쪽을 읽다 보면 한 권을 읽을 수 있다. 한쪽도 부담스러우면 한 문장을 읽겠다는 마음으로 하면 된다. 그래서 한 문장, 한 단어가 나온 영어책부터 하면 좋다. 목표를 작게 나눠서 그때마다 성취를 느끼게 한다. 그래야 계속할 수 있다.

### 2) CD 틀어주기(2분)

하루에 1~2시간 흘려듣기를 할 수 있도록 영어 CD 틀어줄 때를 정한다. 아침에 일어났을 때, 밥 먹을 때, 놀 때, 잠자기 전, 차 타고 다닐 때 중 하나를 선택한다. 이때만큼은 꼭 영어를 틀어주는 시간으로 만든다. 먼저 아이에게 영어를 흘려듣게 하면 좋을 때를 하나 고른다. 그리고 그 시간에는 무조건 틀어준다. 아침에 일어나는 시간에 틀어주고 아침 먹을 때까지 듣게 하는 것도 좋다. 자꾸 해서 내 습관으로 만든다. 내 몸에 익숙할 때까지 계속 반복한다. 그리고 습관이 만들어지면 다른 상황을 정해서 또 틀어준다. 그렇게 하나씩 늘려간다. 그래서 아이가 하루에 2시간~3시간 흘려들을 수 있게 한다.

### 3) DVD 틀어주기(1분)

하루에 DVD 1~2개를 틀어준다. 아이가 30분~1시간 동안 DVD를 보도록 한다.

### 4) 기록하기(2분)

오늘 아이가 들은 CD, 읽은 책, 본 DVD를 쓴다. 그러면서 아이가 오늘은 얼마나 영어를 들었는지 확인한다. 다이어리, 일주일 단위로 나온 달력 등 뭐든 좋다. 내가 쓰기 편한 곳에 알아볼 수 있게 적는다. 또는 사진을 찍어서 블로그나 일기장에 짧게 남긴다.

### 5) 나에게 선물하기(달마다)

4주 동안 최소 성공 목표를 정한다. '주말 제외 20일을 꾸준히 한다'로 정해도 된다. 목표를 이루고 나에게 작은 선물을 준다.

---

하루에 15분을 내 몸을 써서 아이에게 맞는 영어환경을 만든다. 누가 대신해줄 수 없다. 아이가 어느 정도 자라서 스스로 할 때까지는 엄마가 도와줘야 한다. 오로지 아이의 영어 인풋 쌓는 데만 시간을 쓴다. 아웃풋은 관심을 끈다. 아이 언어 그릇에 영어 소리가 차고 넘치게 들려주기만 한다.

아이 안에 영어 씨를 심는다. 그리고 농부의 마음으로 때에 맞게 영양(책 읽어주기), 물(DVD 보여주기, 흘려 듣기용 CD 틀어주기)을 주기만 한다. 그러면 '영어가 편한 아이'라는 향기로운 열매를 맺을 것이다. "빠른 명마는 하루에 천 리를 달릴 수 있다. 노둔한 노마도 쉬지 않고 열흘을 걸으면 역시 천 리를 갈 수 있다"고 순자는 말했다. 그저 꾸준하게 날마다 하면 된다. 지금 바로 몸을 움직여서 행동하면 어떨까? 지문이 닳도록 틀어준 CD와 DVD, 두 눈 질끈 감고 '에이, 모르겠다'며 읽어준 영어책이 아이의 밝은 앞날을 만든다.

# 4장

# 하루 15분,
# 놀면서 하는 홈스쿨링

# 01. 집안일?
## 일이 아니라 아이와 노는 시간이다

◀━━━

　퇴근하고 터덜터덜 집으로 걸어간다. 온몸이 천근만근이다. 그냥 땅바닥에 누워서 쉬고 싶다. 집에 들어서니 제자리에 놓지 않은 물건들이 눈앞에 보인다. 집 안이 지저분하다. 갑자기 더 피곤하다. '아, 치워야 하는데.' 생각만 잠시 할 뿐, 대충 씻고 침대에 눕는다. 일어나기 싫다. 밥 차려 먹기 귀찮다. 누가 대신 밥 좀 해주면 좋겠다. 그래도 배가 고프니 냉장고에서 반찬을 꺼내 대충 먹는다. 설거지도 하기 싫다. 집에 왔는데 해야 할 일이 또 있으니 이곳을 벗어나고 싶다. 그러다가 '에이, 남편 오는 주말에 치우지 뭐' 하며 오늘도 미룬다.

　나는 결혼 전에 제대로 집안일을 하지 않았다. 영국에서 10개월 자원봉사를 하는 동안 여러 가지 일을 했지만 그때뿐이었다. 대학교 3년 동안 자취할 때도 엄마가 일주일 동안 먹을 반찬을 다 만들어주셨다. 친구가 밥을 했고 나는 설거지만 했다. 집도 너무 더럽다 싶을 때 몰아서 치웠다. 그리고 사회인이 되어서는 친척 집에 살았다. 아침에는 고모가 차려주는 밥을 먹었다. 저녁은 대부분 밖에서 먹었다. 그리고 집에 늦게 들어갔다. 씻고 자기 바쁜 하루였다.

나는 결혼 뒤에 아이를 낳기 전까지 주말부부로 살았다. 주중에 남편이 없으니 혼자 사는 몸과 다름없었다. 퇴근하면 손 하나 까딱하기도 싫었다. 집에 가서 겨우 밥만 차려 먹었다. 밑반찬은 주말에 친정이나 시댁에서 가져왔다. 그래서 요리할 생각도 안 했다. 빨래도 일주일에 한 번 했다. 집 청소는 귀찮았다. 그러다 보니 주말에 남편이 왔을 때 같이 했다.

아이를 낳고 육아휴직을 했다. 나는 아이 돌보는 일이 처음이라 힘들었다. 모든 일이 다 낯설었다. 하지만 밖에서 일하느라 바쁜 남편. 그는 집에 오면 쉬고 싶어 했다. 남편이라고 뭐 다르겠는가. 결혼 전에 집에서 엄마가 해주는 밥만 먹고 살았는데. 결혼하고 잠시 주말부부 할 때 혼자 자취생활 한 게 전부인걸. 나와 크게 다르지 않았다. 내가 생각한 결혼생활과 현실은 달랐다. 누군가는 집안일을 해야 했다. 하지만 나는 하기 싫었다.

휴직하고 집에 있으니 내가 온전히 아이를 돌봐야 했다. 거기에 집안일도 내 몫이었다. 일주일에 한 번 빨던 빨래는 날마다 빨아야 했다. 요리도 제대로 안 해 봤는데. 책이나 인터넷을 보고 아이 이유식을 만들어야 했다. 아이 낳기 얼마 전에는 이사했다. 친정과 멀었다. 그러니 친정엄마가 밑반찬을 해줄 수 없었다. 내가 먹을 음식은 내가 만들어 먹어야 했다. 쓰레기는 왜 이렇게 많이 나오는지. 일주일에 한 번 버리는 일로는 부족했다. 그리고 아이가 기어 다니니 전보다 더 자주 청소해야 했다. 하지만 이 모든 일이 너무 고되었다.

저녁에 퇴근한 남편이 도와주지 않는 날은 내 안에 불만이 가득 찼다. '집에서 애 보는 게 얼마나 힘든데. 나 좀 쉬게 해줘야 하는 거 아닌가?' 생각했다. 오히려 집이 너무 더럽다고 불평하는 남편이 야속했다. '그렇게 잘하면 네가 애 보고 집안일 하던지' 하며 남편을 못마땅하게 생각했다. 그도 일하고 피곤해서 그저 쉬고 싶은 마음이었을 텐데. 그런 모습은 내 눈에 들어오지 않았다.

나에게 집안일은 정말 '일'이었다. 해도 해도 티 나지 않으며 무한 반복해야 하는 일. 재미가 하나도 없다. 할 수만 있으면 안 하고 싶다. 그렇다 보니 누가 나 대신해주면 좋겠다는 생각만 했다. 우리 집에 '우렁각시'가 있으면 얼마나 좋을까. 돈을 주고 일하는 이모님을 쓰면 참 좋겠다. 하지만 그럴 형편이 아니니 알아서 도와주지 않는 남편과 내 상황만 탓할 뿐이었다.

아이가 아장아장 걷기 시작했다. 자꾸 내 뒤를 졸졸 따라다녔다. 엄마가 빨래하면 뒤따라와서 만졌다. 요리하면 자기를 안으라며 소리를 냈다. 그래서 아이가 16개월 되었을 때 빨래를 다 하고 옷을 빼면서 아이에게 하나 주었다. 아이는 나를 따라서 건조대로 가져왔다. 내가 빨래를 탈탈 털었다. 그 모습을 보더니 얼추 비슷하게 했다. '어? 아이가 이것도 할 수 있네?' 놀라웠다. 아이는 뭐든지 내가 하는 모습을 보고 배우고 있었다. 그리고 되게 재미있는지 깔깔깔 웃으며 했다. 한 번 하면 계속하고 싶어 했다.

자꾸 나처럼 해보고 싶어 하는 아이가 신기했다. 나는 빨래하기 너무 싫은데. 아이는 세탁기에 옷 넣는 일조차 좋아했다. 여러 번 넣고 싶어 했다. 내가 요리를 하면 나에게 매달렸다. 그래서 아이를 유아 의자에 앉히고 재료를 얇게 잘라 주었다. 그랬더니 아이 혼자 열심이었다. 손으로 찢어보고 입에도 넣어보고. 아이는 신나게 놀고 있었다. 호기심 덩어리인 아이. 세상 모든 일이 새로운 아이. 그에게 집안일은 '일'이 아니었다. 그저 엄마와 노는 시간일 뿐이었다.

아이와 보내는 24시간이 너무 길었다. 아이 자는 시간에 청소, 빨래, 요리까지 하니 쉬는 시간이 없었다. 밤에 잠을 잘 자지 않던 아이라 나는 늘 피곤했다. 계속 일이 나를 따라다녔다. 휴일도 없었다. 교회 가는 일요일 빼고 날마다 월요일만 반복하는 기분이었다. 나는 다람쥐 쳇바퀴 도는 상황에서 벗어나고 싶었다.그러다가 나랑 같이 무엇을 하든 좋아하는 아이를 보니 심 봉사가 눈을 뜨는 기분이었다. 이참에 아이랑 집안일을 해봐야겠다고 생각했다. 모든 일을 어른인 나처럼 할 수 없으니 아이가 할 수 있는 만큼만 하게 하면 되었다. 위험하지 않은 상황에서 아이가 하고 싶은 대로 하게 두었다. 아이는 정말 신이 났다. 19개월 정도 되자 같이 간단하게 요리, 빨래, 청소를 할 수 있었다. 나는 차츰 아이와 집안일을 같이 하는데 재미를 느끼기 시작했다.

복직하고 워킹맘이 되고 보니 아이와 함께 보내는 시간이 턱없이 부족했다. 아이는 아침에 엄마 얼굴을 보지 못하고 하루를 시작했다. 그러다 보니 퇴근하면 늘 엄마 옆에 붙어있으려고 했다. 엄마가 고팠던 것이다. 그래서 집안일을 하는 시간에 아이를 끌어들였다. 같이 빨래했다. 함께 저녁을 차려 먹었다. 아이는 엄마와 함께하는 활동을 다 좋아했다. 그리고 자꾸 놀면서 하다 보니 손이 야물어갔다.

이미 자라 만들어진 남편과 나 자신을 바꾸는 것은 너무 힘들었다. 그리고 마음먹은 만큼 잘 안 되었다. 오히려 바뀌지 않는 남편을 생각하면 속이 터졌다. 하지만 이제 모든 것을 새롭게 배우는 아이는 달랐다. 남편을 다르게 만드는 데 힘을 쓰느니 아이를 잘 가르치는 게 낫겠다고 생각했다. 그리고 돌아보니 우리 엄마는 내가 결혼하면 평생 집안일을 해야 한다며 시키지 않았다. 그래서 그 일들이 나에게 익숙하지 않았다. 다 커서 하려니 재미없고 버겁기만 했다.

반면 아이에겐 집안일이 엄마와 노는 시간이었다. 엄마처럼 해보며 자기 스스로 되게 뿌듯해했다. "엄마, 나 이거 할 수 있어요"라며 즐거워했다. 오히려 하고 싶어 할 때 하지 못하게 하는 걸 싫어했다. "이거는 위험하니까 엄마가 할게" 하면 "나도 할 수 있는데…" 하고 입을 삐죽 내밀었다. 그리고 할 수 있는 것을 하면서 신나 했다. 좋다고 팔짝팔짝 뛰었다.

집안일을 하면서 아이는 성취를 느끼고 있었다. '나는 이것도 할 수 있다, 저것도 할 수 있다'는 생각이 아이에게 자신감을 심어줬다. 나는 아이의 행동과 말을 보고 집안일을 놀이처럼 쉽게 가르쳐야겠다고 생각했다.

나는 정년퇴직할 때까지 계속 일을 할 생각이었다. 그러려면 내가 아이를 옆에서 계속 돌봐줄 수 없었다. 스스로 할 수 있는 아이로 키워야 했다. 그렇기에 아이가 어릴 때부터 집안일을 가르쳐야겠다고 다짐했다. 그리고 아이가 좋아할 때, 하고 싶어 할 때 실컷 하리라 마음먹었다. 아이는 논다는 생각으로 할 때 즐겁게 할 수 있다. 더구나 집안일은 어릴 때 안 하고 다 커서 자연스럽게 하는 게 아니었다. 내공이 쌓여야 하는 것이었다. 안 하다가 하려니 편하지 않았다. 생활이 불편하지 않다면 굳이 내가 해야 할 이유가 없는 일이었다.

하지만 결혼하고 가정을 이루고 난 뒤는 다르다. 누군가는 해야만 한다. 하지 않으면 생활을 할 수 없다. 그런데 남편보다 집에 있는 시간이 더 많은 내가 다 해야 하니 억울했다. 육아라는 이름 아래 등 떠밀려서 어쩔 수 없이 하니까 하기 싫었다. 나는 내 삶을 내 힘으로 살지 않으려고 했다. 도와주지 않는 남편 탓, 내 환경만 탓했다. 그러면서 내 안에서 남편에 대한 불만만 키웠다. 나는 진정한 어른으로 독립하지 못했다.

나는 내 생각부터 바로잡았다. 집안일은 '일'이 아니었다. 아이와 함께 '노는' 시간이었다. 놀면서 아이에게 생활력을 키워줄 수 있었다. 잘 바뀌지 않는 남을 고치는 데 시간과 힘을 쓰지 않아도 되었다. 아이와 놀면서 가르치는 게 더 재미있었다. 아이도 엄마와 같이하면서 즐거워했다. 아이는 어른들이 하는 진짜 '일'을 해보는 것을 좋아했다.

집안일을 하면서 아이는 삶을 배운다. 문제해결능력을 기른다. 생활에 필요한 기술을 익힌다. 선택하는 것을 연습한다. 이 일들은 아이가 어른의 세계로 나갈 때 튼튼한 기초를 만들어준다. 더불어 행복한 가정을 만들고 사랑받는 배우자로 살 수 있다. 그러니 이제 아이와 함께 집안일을 하자. 혼자서 집안일을 하느라 아이와 보내는 시간이 줄고 있다면 아이를 그 안으로 끌어들이면 된다. 아이는 집안일을 하면서 생활 속에서 엄마와 하나씩 해보는 경험을 계속 쌓는다. 그것은 아이가 건강하게 독립하는 데 밑거름이 될 것이다.

# 02. 잠자기 전 15분,
# 깔끔한 정리 놀이

"간지럼 씨!"

"호기심 양!"

밤 9시. 첫째 아이는 〈EQ의 천재들〉 책 제목을 순서대로 부른다. 81권인 〈EQ의 천재들〉. 아이가 굉장히 좋아하는 책이다. 그래서 놀 때 책꽂이에서 전부 꺼낸다. 거실 온 바닥이 100권도 넘는 책으로 뒤덮였다. 둘째 아이는 책더미에서 한 권을 들더니 던진다. 어떤 책은 나름 유심히 쳐다본다. 다 놓았는지 책 사이를 헤집고 나에게 기어온다.

책 뒤에 있는 순서를 보고 첫째 아이가 외친다. 그리고 누가 먼저 찾는지 아이랑 시합한다. 먼저 찾은 사람은 "찾았다!"를 외치고 책장에 빠르게 갖다놓는다. 81권을 이렇게 끼우다 보면 15분이 훌쩍 지나간다. 오늘도 잠자기 전에 아이와 놀면서 책을 정리한다.

아이는 종일 집에 있는 장난감, 온갖 생활용품을 다 꺼내서 가지고 논다. 그러다 보면 집은 언제나 엉망진창이다. 발 디딜 틈이 없다. 많은 아이가 5분 안에 집을 폭탄 맞은 곳으로 바꿀 수 있다. 엄청난 능력이다.

아이들은 한 자리에서 여러 가지 물건을 가지고 논다. 놀다가 다른 게 생각나면 거기 가서 논다. 아이가 가서 노는 동안 정리하면 다시 와서 어지럽힌다. 집은 금세 난장판으로 바뀐다. 아무리 치워도 집이 쑥대밭으로 변하는 이유다.

그러다 보면 아이에게 잔소리가 나간다. "너 이거 안 치울래? 이거 치우고 놀아. 안 그러면 버린다"라며 노는 아이에게 정리하라고 시킨다. 하지만 아이는 노는 것이 더 좋다. 그래서 귀를 닫는다. 노는데 엄마가 말하자마자 치우는 아이? 주위를 둘러봐도 별로 없다. 더구나 아이는 집이 어질러져 있어도 크게 불편하지 않다. 그러니 안 치우고 논다. 이 모습을 보면 깔끔한 성격을 가진 엄마만 속이 탄다.

아이가 어지를 때마다 쫓아다니면서 치우기는 힘들다. 따라다니며 정리하다 보면 내 체력이 금방 사라진다. 아이 키우는 일에는 많은 힘이 필요하다. 그래서 할 수 있다면 내가 가진 체력을 잘 비축해놔야 한다. 그리고 꼭 해야 할 일을 할 때만 쓰는 게 좋다. 내 몸이 지치면 결국 아이의 작은 실수에도 큰 소리가 나가기 때문이다.

집은 사람을 위한 곳이다. 사람보다 깨끗한 집이 먼저일 수 없다. 아이는 실컷 어지르며 놀아야 한다. 그래야 건강하다. 그러니 놀고 난 뒤 '하루에 1번 정리하기'를 알려주면 된다. 바로 잠자기 전에 정리하기를 습관으로 만드는 것이다. '정리하기'는 부모가 아이가 어릴 때부터 생활 속에서 직접 가르쳐야 한다. 유대인은 가정교육을 중요하게 생각하는 민족이다. 그들은 늦어도 3살 때부터 아이에게 규칙을 가르친다. 그중 하나가 '정리하기'다.

나는 여러 가지 정리 관련 책을 읽으며 정리의 기본을 깨달았다. 내가 생각하는 것은 크게 3가지다.

> 1. 물건마다 자리를 정한다.
> 2. 물건을 쓴 뒤에 바로 제자리에 놓는다.
> 3. 쓰레기(안 쓰는 물건을 포함)는 제때 버린다.

제자리에 놓고 버리기만 잘해도 어느 정도 집을 깨끗하게 유지할 수 있다. 우리는 정리를 어렵게 생각한다. 하지만 기본을 알고 그것만 꾸준하게 연습해도 충분하다. 아이에게 정리를 가르칠 때도 마찬가지다. 중요한 3가지를 알려준다.

> 1. 물건마다 '집'이 있다. (물건의 자리 알려주기)
> 2. 잠자기 전에 집에 데려다준다. (물건을 제자리에 두기)
> 3. 쓰레기를 집에 데려다준다. (쓰레기의 집은 쓰레기통임을 알려주기)

아이가 어릴 때는 정리를 놀이로 바꿔서 가르칠 수 있다. 습관은 몸에 밸 때까지 반복해야 한다. 그러려면 재미있어야 한다. 그리고 '정리하기'에 대한 좋은 감정이 생기고 유지되어야 한다. 아이에게는 '재밌다', '좋다'는 느낌이 중요하다. 그래야 다음 날도 계속한다. 이를 위해 잠자기 전에 1번 같이 치우면 족하다. 다른 시간에는 놀고 싶은 대로 마음껏 놀게 한다. 그리고 15분 동안 정리로 놀면서 하루를 마무리한다. 정리가 끝나고 잠자리 책을 들고 방에 가서 읽어준다. 그럼 어떻게 아이와 정리를 놀이로 할 수 있을까?

---

## ★ 아이와 정리놀이 하기 ★

### 1. 준비물

장난감을 보관할 통, 바구니 (택배 상자, 대야도 괜찮다.)

### 2. 시작하기 전

처음 정리를 시작할 때 장난감마다 집이 있다는 것을 알려준다. 이때 이야기처럼 들려주면 좋다.

"이제 잠자러 갈 시간이야. 우리도 잠자러 가는 곳이 있지? 장난감도 집이 있어. 어딘지 가볼까? 여기야. 장난감은 다 놀고 여기서 잔대. 앞으로는 우리가 잠자기 전에 장난감들을 집에 데려다줄까?"

아이가 어릴수록 모든 물건을 사람처럼 말해주면 잘 이해한다. 어린아이는 종류별로 나눠서 알맞게 넣을 수 없다. 그러니 투명한 큰 통 하나에 다 집어넣는 것으로 알려준다.

## 3. 정리놀이하기

정리하면서 아이가 좋은 감정을 느끼게 해준다. "우리 정리놀이를 같이 해볼까?" 권유하는 말로 함께 놀자고 한다. 잔소리, 협박은 하지 않는다. 갖다 버리지 않는 장난감은 버린다고 말해도 소용없다. 버린다고 말했다면 진짜 버려야 한다. 그렇지 않으면 아이는 엄마가 버리지 않을 것을 알기 때문에 몸을 움직이지 않는다. 하지만 놀자고 하면 귀를 기울인다.

### 1) 노래를 틀어놓고 빠르게 넣기

바구니나 대야를 준비한다. 그리고 아이나 엄마가 좋아하는 노래를 튼다. 노래가 나오는 동안 최대한 빠르게 몸을 움직인다. 운동한다는 생각으로 움직여도 좋다. 눈앞에 보이는 장난감을 찾아서 바구니에 넣는다. 다 넣은 뒤에는 함께 집에 데려다주면서 통에 쏟는다.

### 2) 숫자를 세면서 통에 골인하기

바구니 가까이에서 골인하기, 점점 뒤로 가면서 골인하기를 한다. 골인하면서 수를 센다. '1, 2, 3, 4', '하나, 둘, 셋, 넷', 'One, Two, Tree' 형태로 나눠서 수를 말한다. 그러면서 아이가 수를 익히게 한다.

### 3) 누가 먼저 넣나 시합하기

눈에 보이는 물건을 외친다. 그리고 '준비, 시작!' 한 뒤에 빨리 잡아서 통에 갖다 놓는다. 먼저 넣는 사람이 이기는 경기다. 아이가 먼저 해낸 경

하루 15분, 내 아이 행복한 홈스쿨링

우, "와, 정말 빠른걸", "너무 빨리 움직여서 깜짝 놀랐다"며 이야기해준다. 아이는 웃으며 뿌듯해한다.

### 4) 던지고 받기 놀이

엄마가 통을 들고 움직인다. 아이는 통을 쫓아다니면서 넣는다. 다음에는 아이가 통을 들고 다닌다. 그러면 엄마가 잡아서 넣는다.

### 5) 없어져라 뿅!

엄마랑 아이가 마법사가 된다. 마법봉을 들고 다니며 치울 물건을 향해 "없어져라 뿅!"을 외친다. 그리고 그것을 바르게 통에 넣는다.

"정리하고 나니까 깨끗하다. 장난감 통이 친구들을 데려다줘서 고맙대. 같이 놀면서 정리하니까 재밌다"며 정리를 다 하고 난 뒤에는 아이가 좋은 느낌을 가지도록 말해준다. 그러면서 정리는 '재미있다', '좋은 것이다'라고 생각하도록 한다. 하나라도 정리하면 아이에게 정말 잘했다고 칭찬해준다.

처음 연습할 때는 '15분' 시간을 정해서 하면 좋다. 먼저 타이머를 15분에 맞춘다. 그리고 그 시간 동안 집중해서 한다. 15분이 지나면 정리가 다 되지 않았어도 멈춘다. 자칫하면 정리 첫날부터 너무 깨끗하게 하려고 과해질 수 있다. 처음부터 제대로 잘하려고 하면 지쳐서 오래 할 수 없다. 정리도 계속 연습하면서 습관으로 만들어야 한다. 그러니 작게 나눠서 날마다 성취를 맛보며 가야 한다. 아이가 어릴수록 구역을 작게 정한다. 한 부분만 치워도 잘했다고 말해준다.

가정에 맞게 정리를 놀이로 바꿔서 한다. 방법도 날마다 다르게 하면 좋다. 같은 놀이로 계속하면 아이가 재미없다고 느끼기 때문이다. 일주일에 3~4번 정도 아이와 놀면서 정리하고 기분 좋게 하루를 마무리해보자. 아이는 놀면서 배울 수 있다. 즐거워야 더 잘 배운다. 그렇게 하다 보면 아이는 '정리'를 엄마와 함께 즐겁게 논 시간으로 기억할 것이다.

# 03. 배고플 때 15분, 오감 자극 요리놀이

"엄마, 오늘은 내가 아침 차릴게요."

아침에 일찍 일어난 첫째 아이. 어제부터 아침을 준비하겠다고 잔뜩 벼르고 있었다. 잠들기 전까지 엄마는 하지 마라며, 내가 하겠다고 몇 번을 말했다. 굳게 다짐하는 모습이 대견했다. 아침에 일어나자마자 부엌으로 갔다. 아침을 먹기 위해 필요한 재료를 하나씩 꺼냈다.

아이가 콧노래를 부르며 아침을 준비했다. 여기저기 바쁘게 움직이는 아들의 손. 모든 과정을 아주 능숙하게 해내는 모습이었다. 물을 틀어서 귤을 씻고 그릇에 놓았다. 미숫가루와 꿀을 넣고 통을 흔들었다. 컵에 따랐다.

"엄마, 아침 준비 다 했어요." 큰소리로 외쳤다. 목소리에 자신감이 가득했다. 식탁에 가보니 정말 아침상을 차렸다. 5살 아들이 차려준 아침을 함께 먹었다. 미숫가루를 마시는데 목이 메었다. 눈에서 눈물이 나오려고 했다. '아들이 언제 이렇게 컸지.' 내 앞에서 환하게 웃는 아들을 보니 기특했다,

나는 외식의 여왕이었다. 밖에서 먹는 음식은 다 맛있었다. 결혼 전에는 늘 바깥 밥을 먹었다. 먹을 때마다 이렇게 맛있는 음식을 개발하고 만든 사람들에게 고마웠다. 일이 힘든 날은 오늘은 더 맛있는 것을 먹어야 한다며 친구들과 비싼 음식을 사 먹었다. 하지만 아이를 낳고 보니 외식은 너무 힘들었다.

챙겨야 하는 건 왜 이렇게 많은 걸까. 어디 한 번 외출하려면 아이 짐이 한 가득이었다. 아이가 어리면 이유식까지 챙겨서 나가야 했다. 시작 전부터 벌써 피곤했다. 그래도 밖에서 먹고 싶으니 겨우겨우 음식점에 갔다. 거기서 또 다른 문제들이 생겼다. 우리 부부는 아이에게 스마트폰으로 영상을 보여주지 않았다. 그러다 보니 외식할 때 전쟁이었다. 아이와 밖에서 밥을 먹을 때는 음식이 코로 들어가는지 입으로 들어가는지 알 수가 없었다. 집에 오면 오히려 녹초가 되었다. 아이가 두 명이 되니 외식은 엄두도 나지 않았다.

그러다 보니 내 몸을 힘들게 하면서 돈을 쓰고 싶지 않았다. 밖에서 밥 먹는 것은 즐겁고 편하자고 하는 건데, 한번 먹으면 몇만 원이 깨졌다. 그런데 돈을 쓴 만큼 보람을 못 느꼈다. 배달 음식도 한두 번이지. 처음에는 맛있어도 계속 먹으면 질리기 마련이었다. 차츰 집에서 먹는 밥이 더 편해졌다. 그리고 아이를 키울수록 아이가 먹는 음식이 얼마나 중요한지 깨달았다. 아이에게 가장 좋은 것은 엄마가 만들어준 '집밥'이었다.

하지만 요리를 전혀 안 하던 사람이 애를 낳는다고 금방 바뀌겠는가. 오히려 아이 밥도 제대로 못 한다고 나는 '게으른 엄마', '불량 엄마'라고 생각했다. 다른 엄마들은 세 끼 새로운 반찬에 국도 끓여준다는데. 내 안에는 죄책감과 미안함만 가득 넘쳤다. 차라리 나는 삼첩반상 차리기는 못하겠다고 쿨하게 인정하는 게 나았다.

내가 할 수 있는 것은 무엇인지 관심을 돌리기 시작했다. 내가 해먹을 수 있는 간단한 음식을 만들어 먹으면 되는 것이었다. 맛이 좀 없으면 어떤가. 요리도 자꾸 하다 보면 실력이 는다. 뭐든 잘하려면 시간과 양이 쌓여야지, 안 하던 것을 갑자기 잘할 수 없었다. 미안해할 시간에 무엇을 만들어볼까 생각하고 요리책을 펼쳤다.

첫째 아이가 어릴 때는 요리를 하려고 하면 내 다리에 매달렸다. 그래서 요리할 때 아이에게 재료를 얇게 썰어서 던져주었다. 그러면 아이는 잘 갖고 놀았다. 그게 첫째 아이가 16개월 때였다. 그때부터 아이와 요리하기를 조금씩 같이했다. 워킹맘 시절에도 주말에 같이 요리를 해 음식을 만들어 먹었다. 아이는 요리할 때마다 늘 즐거워했다.

첫째 아이 5살에 홈스쿨링을 하면서 세 끼 식사를 다 집에서 먹게 되었다. 그래서 밥을 준비할 때 아이를 많이 참여시켰다. 간식과 반찬을 만들 때도 함께했다. 첫째 아이는 내가 조금만 알려주면 혼자 해내는 것들이 많아졌다.

요리는 반복해서 실력을 키워야 한다. 그러려면 아이가 하고 싶어 할 때 자꾸 해봐야 한다. 혼자서 할 수 있는 활동이 많아질수록 아이의 자신감은 올라간다. "엄마, 나는 요리를 잘하지요." 자랑스럽게 말한다. 이처럼 요리는 아이와 즐겁게 놀 수 있는 놀이다. 엄마는 요리를 하면 아이에게 좋다는 건 안다. 하지만 막상 내 아이와 하려고 하면 아이가 사고 칠까 봐

두렵다. 그 뒤치다꺼리를 하는 게 더 일로 느껴진다.

그렇다고 계속 아이를 못하게 한다면 어떨까? 어느 순간 아이는 하지 않으려고 한다. 그 뒤엔 하라고 해도 안 하겠다고 한다. 그러니 더 늦기 전에 아이와 함께 요리로 놀아보자. 생활 속에서 아이와 어떻게 요리로 놀면 좋을지 방법을 하나씩 살펴보자.

## ★ 아이와 요리놀이 하기 ★

### 1. 요리하기 전

아이와 요리할 때 가장 걱정하는 부분이 '안전'이다. 뜨거운 것을 만지거나 칼질을 할 때 혹시나 아이가 다칠까 봐 잘 시키지 못한다. 그럴수록 조심해야 할 것을 정확하게 가르쳐주면 된다. '뜨거운 것은 손으로 만지지 않는다'고 요리하기 전에 강조해서 알려준다.

### 2. 요리할 음식 정하기

아이와 같이 만들 음식을 정한다. 아이와 처음 만들어보는 거라면 내가 만들기 쉬운 음식 두 가지 중에서 고르게 한다. 우리 집은 팬케이크와 쿠키를 정말 많이 만든다. 아이가 만들고 싶은 간식으로 자주 말하기 때문이다. 그러면서 아이 스스로 선택하기를 연습한다.

### 3. 요리 과정을 아주 작게 나누기

아이와 요리로 놀 때는 활동을 아주 작게 나눈다. 그리고 아이가 할 수 있는 부분과 내가 도와줘야 하는 일로 나눈다. 정말 작게 구분해보면 어떤 요리든 아이가 참여할 수 있는 과정이 있다. '팬케이크 만들기'를 작은 단계로 나눠서 살펴보자.

1) 달걀 깨기 2) 우유를 계량컵에 따르기 3) 우유를 부어서 달걀물 만들기 4) 팬케이크 가루 봉지 뜯기 5) 가루 붓기 6) 가루 섞기 7) 프라이팬을 불에 달구기 8) 프라이팬에 기름을 붓기 9) 기름 닦기 10) 팬케이크 반죽 붓기 11) 뒤집기 12) 그릇에 담기

### 4. 아이가 스스로 하게 하기

12단계 중에서 아이가 혼자 할 수 있는 부분은 스스로 하게 한다. 엄마는 아이가 하는 모습을 지켜본다. 성취감은 스스로 힘으로 해낼 때 생긴다. 요리는 아이에게 성공 경험을 길러주는 활동이다. 이것은 자신감으로 이어진다. 아이는 '나는 할 수 있다'고 생각한다. 그리고 요리는 아이의 오감을 자극한다. 직접 손으로 만진다. 냄새를 코로 맡는다. 다음에 무엇을 해야 하는지 생각한다. 모든 과정에서 아이는 몸으로 배운다.

### 5. 해낼 때마다 아이를 칭찬하기

하나씩 단계를 성공할 때마다 칭찬한다. 그리고 다 만들고 함께 먹으면서 다시 한 번 전체 과정을 칭찬한다. "함께 만들어 먹으

니까 맛있다. 고마워" 하며 물개 박수를 쳐준다. 그러면 아이가 만들어 먹는 일에 좋은 감정을 가질 수 있다. 다음에 또 하고 싶어 한다. 하고 싶어 할 때 자주 하게 하자. 자꾸 해봐야 실력이 는다. 경험이 쌓일수록 아이가 스스로 해내는 단계가 많아진다.

## 6. 요리하고 뒷정리하기

요리를 마치고 함께 치운다. 정리하는 과정까지 같이 연습한다. 그리고 식탁에 차려놓고 맛있게 먹는다.

## 7. 아이의 실수 다루기

아이가 요리를 하다 보면 실수를 많이 한다. 이때는 '아이가 문제해결능력을 기를 수 있는' 아주 좋은 기회다. 아이는 자기가 무엇을 잘못 했는지 스스로 안다. 그래서 엄마는 아이가 한 사소한 실수는 못 본 척하고 넘어가는 게 좋다. 몸을 움직여 해결해야 할 상황에 대해서만 가르쳐준다. 실수했을 때 아이의 행동과 인격은 언급하지 않는다. 아이가 팬케이크를 만들다가 가루를 조금 흘렸다. 그러면 바로 치우거나 나중에 정리하면 된다. 큰일이 아니다.

아이가 물을 많이 흘렸다. 지금 치우지 않으면 요리하기가 어렵다. 이럴 때 상황을 말해준다. "물을 흘렸네." 그리고 해결방법을 물어본다. "어떻게 하면 좋을까?" 이제 아이의 대답을 기다린다. 아이가 어릴수록 잘 모르니 방법을 알려준다. "수건으로 닦자." 말하고 같이 닦으면 된다. 자꾸 아이의 실수를 지적하고 비판하는 일은 아이를 위축시킨다. 문제가 생겼을 때 해결방법을 찾는 데 관심을 쏟고 아이가 직접 해보게 한다. 이런 경험이 쌓여야 일이 벌어졌을 때 아이는 하나씩 처리해나갈 수 있다.

---

아이에게 요리 시간은 엄마와 함께 즐겁게 노는 시간이다. 맛있는 음식을 만들고 같이 먹는 추억이 아이를 행복하게 만든다. 지금 내가 먹는 음식이 바로 나다. 아이에게 생활 속에서 건강하게 음식을 만들어 먹는 습관을 선물하자. 직접 만들어 먹는 즐거움을 아는 아이로 키우기. 오늘부터 하나씩 해나가면 어떨까? 아이는 자기와 배우자를 위해 요리할 줄 아는 사람으로 자랄 것이다.

# 04. 엄마 손잡고 15분, 시장놀이

"우리 뭐 만들어 먹을까?"

"초코쿠키요."

"그럼 초코쿠키 가루가 없으니 사러 갔다 올까?"

"와, 신난다!"

첫째 아이가 초코쿠키를 만들고 싶어 한다. 하지만 재료가 없다. 사러 나가야 한다. 초코쿠키를 사러 가기 전에 아이와 무엇이 필요한지 종이에 적는다. 아이에게 돈 만 원을 준다. 아이는 봉투에 돈을 넣고 가방에 담는다. 아이와 함께 자연드림에 간다. 아이가 카트에 장바구니를 올려놓는다. 카트를 밀면서 나보다 앞서가서 초코쿠키믹스를 찾는다. 금방 찾더니 바구니에 담는다. 다 고른 뒤에 계산대에 간다. 돈을 직접 내고 계산을 한다. 거스름돈을 받는다. 가방 안에 물건을 담는다. 집에 와서는 영수증을 보며 이야기를 나눈다. 그리고 초코쿠키를 만들어서 맛있게 먹는다. 모든 과정을 하나씩 해보면서 아이는 몸으로 돈을 배운다. 생활 속에서 놀이로 돈을 가르치는 것이다.

  얼마 전까지 나는 돈을 싫어했다. 돈이 없어도 감사하면서 살면 된다고 여겼다. 돈이 행복의 전부는 아니니까. 돈은 그저 내 스트레스를 푸는 데 필요한 도구 정도로 여겼다. 사고 싶은 물건이 생겼다. 월급날이 언제니까 돈이 없으면 신용카드로 미리 당겨썼다. 그러다 보니 월급은 통장에 잠시 스쳐 가는 흔적일 뿐이었다. 며칠 지나면 그달에 받은 돈은 사라지고 없었다. 신기루 같았다.
  "오늘은 스트레스를 많이 받았으니까 먹는 거로 풀어야 해"라며 예쁜 카페에 가서 커피와 케이크를 세트로 먹었다. 음식점에 가서 값을 따지지 않고 맛있는 것을 사 먹었다. 한 번씩 맘에 드는 옷을 사며 기분 전환을 했다. '젊을 때 예쁘게 입고 다녀야지 나이 들어서 꾸미는 게 무슨 소용이람' 생각하며 계절마다 옷을 샀다. 돈이 내 곁에 오래 머무를 틈이 없게 써댔다.

  둘째 아이를 임신하고 휴직을 계획하면서 나는 지난날을 후회했다. 내가 왜 그렇게 돈을 마구 썼을까. 그 돈을 조금이라도 모아놓았으면 아이를 내 손으로 오래 키울 수 있을 텐데. 남편이 지금보다 돈을 더 벌면 얼마나 좋을까. 그러면 내가 마음 편하게 휴직할 텐데. 생각하며 내 돈 씀씀이와 남편의 벌이를 탓했다.
  하지만 아무리 내 과거와 남편을 원망한들 무슨 소용이 있을까. 생활을 바꾸지 않으면 계속 돈에 전전긍긍할 수밖에 없지 않은가. 나부터 바꿔야 했다. 그래서 나는 돈에 관한 책들을 읽었다. 그러면서 알게 되었다. 나는 돈을 너무 몰랐다. 돈은 생활이고 현실이었다. 돈은 자신을 소중히 여기는 사람과 함께 있기를 좋아하는 특성이 있었다.

돌아보면 나는 돈에 대해서 잘 배우지 못했다. 돈을 잘 몰랐고 알려고 하지 않았다. 돈을 모아야 하지만 쓰는 데 더 집중했다. 사회인이 되어 한번 소비습관이 잡히자 바꾸기 어려웠다. 차라리 처음부터 제대로 알고 내 생활에 맞는 옷을 입는 게 나았다. 그래서 아직 돈을 모르는 아이는 제대로 가르쳐야겠다고 생각했다. 내 아이는 나처럼 돈에 무지한 채 돈을 아무렇게나 쓰지 않기를 바랐다. 나는 아이에게 올바른 소비습관을 가르쳐주기로 마음먹었다.

아이는 부모가 돈을 대하는 태도를 보고 그 태도를 배운다. 그래서 나는 아이에게 일상생활에서 돈을 생활수단으로 대하는 모습을 알려주고 싶었다. 나는 아이에게 가르칠 것을 3가지로 정했다.

1. 돈은 생활에서 꼭 필요하다.
2. 한 달에 버는 돈은 정해져 있다. 그 안에서 사야 하는 물건을 산다.
3. 돈은 좋은 친구다.

그러면 아이와 놀면서 어떻게 돈을 가르치면 좋을까? 아이에게 만 원으로 돈을 가르치기. 내가 '만 원의 행복'이라고 부르는 시장놀이다. 각 단계를 하나씩 살펴보자.

## 1. 장보기 전

아이와 만들어 먹을 간식을 정한다. 간식은 만 원 안에서 살 수 있는 것으로 한다. 쿠키믹스나 핫케이크가루처럼 간단하게 만들 수 있는 것 중에서 고르게 한다. 어린아이에게는 사진을 보여준다. 글씨를 아는 아이는 포스트잇이나 수첩에 재료를 쓰게 한다. 아이가 쓰기 어렵다면 엄마가 써준다.

아이에게 돈 만 원을 준다. 이 돈 안에서 오늘 사야 하는 재료만 사기로 약속한다. 정한 물건만 사는 것을 연습하기 위해서다. 다른 물건이 사고 싶다면 그건 다른 돈으로 하자고 약속한다.

아이와 이야기를 나누면서 물건을 사기 위해 해야 할 일을 점검한다. 장 볼 때 일어나는 4가지 과정(물건을 찾는다, 카트에 담는다, 계산대에서 돈을 낸다, 거스름돈을 받고 물건을 챙긴다)을 아이가 아는지 확인한다. 어린아이라면 엄마가 직접 설명한다. 큰 아이에게는 물건을 살 때 무슨 일을 해야 하는지 물어본다. 아이의 대답을 듣고 빠진 과정만 짚어준다. 특히 돈을 직접내고 나서 거스름돈과 영수증을 챙겨야 한다는 걸 정확하게 알려준다. 큰 아이라면 아이가 돈을 지갑(봉투)에 넣고 스스로 챙기도록 한다.

## 2. 장보기

아이와 장보기를 연습할 때는 할 수 있으면 집 가까운 슈퍼, 한

살림, 자연드림처럼 작은 가게에 간다. 큰 마트는 가지 않도록 한다. 장보기 전에 오늘 사야 할 물건을 다시 한 번 확인한다. 장바구니를 들고 아이가 물건을 찾도록 한다. 이때 엄마는 한 발 뒤에서 아이를 따라다닌다.

아이가 물건을 찾는다. 어린아이라면 재료가 모여 있는 곳으로 엄마가 데리고 간다. 거기서 하나씩 짚어 보면서 아이에게 알려 준다. 그리고 아이가 오늘 만들기로 한 재료를 찾게 한다. 아이가 물건을 직접 카트에는 담는다. 엄마는 아이가 물건을 찾고 담는 과정을 스스로 하도록 옆에서 가만히 지켜본다.

장 보는 동안 엄마는 "이렇게 해라 저렇게 해라"고 미리 말하지 않는다. 아이가 생각해서 하나씩 천천히 해보도록 한다. 아이가 알아서 결정하고 행동하려면 엄마는 옆에서 기다려줘야 한다. 답답하겠지만 이러면서 우리의 인내심을 기르는 훈련을 한다고 생각하자. 아이가 도와달라고 할 때, 아이가 혼자 하기 힘들어 할 때 조금만 해준다. 혼자 하는 경험이 쌓일수록 아이는 자신감을 가지고 더 잘해낸다. 장보기에도 충분한 연습이 필요하다.

물건을 다 고른 뒤에는 계산대로 간다. 여기서는 무조건 아이가 직접 돈을 내도록 한다. 어린아이는 돈 내기까지만 해도 좋다. 거스름돈은 엄마가 챙긴다. 큰 아이는 돈을 내고 거스름돈을 받는 것까지 한다. 물건을 장바구니에 다시 담아서 옆으로 간다. 거기서 아이가 재료를 가방에 담는다. 마지막으로 아이가 돈을 챙겼는지 확인한다.

### 3. 돈 읽는 연습하기

사온 물건, 영수증, 거스름돈을 꺼낸다. 어린아이에게는 장을 보면 '물건, 영수증, 거스름돈'이 있다는 것을 보여준다. 큰 아이들은 직접 영수증을 읽고 물건을 확인한다. 돈 만 원에서 얼마를 썼고 얼마가 남았는지 이야기 나눈다. 백 원, 오백 원, 천 원, 오천 원. 하나씩 짚으면서 돈 이름을 함께 말한다. 아이는 돈을 직접 만져보고 배운다.

다시 돈에 대해 정리해준다. '물건을 사려면 돈이 필요하다. 돈은 참 좋은 친구다. 친구는 잘 대해줘야 한다. 돈이 있다고 다 쓰지 않고 꼭 사야 할 물건만 사야 한다'와 같이 아이가 쉽게 느끼게 알려준다. 큰 아이에게는 장보고 돈을 내니까 어떤지 물어본다. 돈에 대한 생각을 점검한 뒤에 아이와 재미있게 음식을 만들어 먹는다.

### 4. 아이 혼자 돈 쓰는 연습하기

첫째 아이는 5살이 되면서 갖고 싶어 하는 장난감이 하나씩 생겼다. 나는 그전까지 아이에게 장난감을 사주지 않았다. 아이는 친척과 지인에게 받은 장난감이 많았다. 하지만 5살이 되자 교회에서 친구들이 노는 장난감을 갖고 싶다고 말했다. 계속 이야기하는데 언제까지 참으라고만 할 수 없었다. 나는 남편과 상의했다. 그리고 아이가 다른 분께 받는 용돈은 아이 혼자 쓰게 하는 연습을 시작했다.

"6세에 돈에 대한 공부를 가르쳐도 되나요?"라는 질문에 세계에서 큰 부자로 손꼽히는 워런 버핏은 말했다. "이미 늦었습니다. 돈의 가치를 알게 하는 데 어린 나이란 없습니다." 그렇다. 아이가 어릴 때부터 부모는 생활 속에서 돈을 가르쳐야 한다. 아이가 재미있다고 느끼도록 직접 물건을 사면서 돈을 배우게 하는 것이다.

---

돈의 노예가 아닌 사람. 돈을 건강하게 통제하는 어른으로 자라도록 부모가 도와주자. 아이가 어릴 때부터 돈을 몸으로 경험하게 하자. 그러면서 기분에 따라 돈을 쓰지 않고 돈을 부정하거나 터부시하지 않는 생각을 가지도록 돕는다. 가장 좋은 유산은 돈을 올바르게 쓰는 생활 태도와 습관이다.

# 05. 뭐 하고 놀지?
# 스스로 만들어봐!

창밖으로 보이는 맑은 하늘. 오랜만에 보는 파란 하늘이다. 최근 늘어난 미세먼지로 뿌연 풍경을 볼 때마다 집에서 노는 아이가 못내 안쓰럽다. 이런 날은 나가서 놀아야지. 나는 밖에 나갈 짐을 주섬주섬 챙긴다. 그러면서 아이에게 "오늘은 미세먼지 농도가 낮으니까 밖에 나가 놀자"고 말한다. 첫째 아이는 좋다며 사방팔방 뛰어다닌다. 그러곤 재빨리 옷을 꺼내서 입는다.

가볍게 장을 보고 집에서 가까운 놀이터로 간다. 유치원이 끝난 시간이라 아이들이 삼삼오오 모여 놀고 있다. 밖에서 노는 아이들을 보니 반갑다. 요즘은 놀이터에 나가도 아이들 보기가 어렵기 때문이다. 첫째 아이는 미끄럼틀로 뛰어간다. 그러더니 어느새 친구 한 명을 사귄다. 새 친구와 함께 시소를 탄다. 그러다가 모래밭으로 간다. 거기에서 아이들이 주저앉는다. 두 아이는 삽으로 모래를 파더니 뭔가 만들기 시작한다.

한 아이는 그릇에 모래를 한가득 붓는다. 그릇을 모래로 다 채우고 뒤집는다. 금세 산이 만들어진다. 두 아이의 눈빛이 봄 햇볕처럼 따뜻하다. 오빠를 가만히 보던 둘째 아이가 칭얼거리기 시작한다. 유모차에서 내려달라는 말이겠지. 아직 기어 다니기 때문에 신발도 신지 않았는데…. 그렇지만 나는 큰 맘 먹고 어린아이를 모래밭에 내려놓았다. 내려 달라고 보채는 아이를 계속 안고 있는 것보다 나을 테니까.

태어나서 처음으로 모래를 만진 둘째 아이. 조심스럽게 하나씩 탐색한다. 먼저 모래를 한 움큼 쥐어본다. 공중에 흩뿌린다. 이를 계속 반복한다. 그러다가 좋다며 까르르 웃는다. 손바닥으로 모랫바닥을 비빈다. 오빠를 보더니 삽으로 파는 시늉도 한다. 이제 13개월 된 아이도 모래 위에서 놀 줄 안다. 내 생각보다 훨씬 잘 노는 모습을 보니 놀랍다. 역사가 요한 하위징아가 말한 것처럼 호모 루덴스(homo ludens), 아이들은 타고난 '놀이하는 인간'이다.

모래 위에서 자유롭게 노는 아이를 보니 내 어린 시절이 생각났다. 나는 집 밖에서 친구와 흙 놀이를 참 많이 했다. 그때는 장난감도 별로 없었다. 흙, 모래, 돌이 놀잇감이었다. 나는 흙으로 두꺼비집을 지으며 놀았다. 물을 가져와서 흙을 뭉쳐서 빵을 만들었다. 그러면서 가게 놀이도 했지. 모래 산을 만들어서 막대기를 꽂았다. 누가 이것을 안 쓰러트리나 게임도 했고. 그러다 집에 가야 할 시간이 되면 친구와 헤어지기 참 아쉬워했다. 내 아이도 내가 그랬던 것처럼 이 시간이 얼마나 재미있을까.

어느 누구도 아이들에게 "이렇게 놀아라, 저렇게 놀아라" 이야기하지 않았다. 하지만 세 아이들은 알아서 잘 놀았다. 신나게 놀다 보니 한 시간이 훌쩍 지나갔다. 시간 가는 줄 모르게 노는 아이들. 어느덧 집에 갈 시간. 첫째 아이는 자리를 뜨기 싫어했다. 그래서 가기 전에 미끄럼틀을 한 번 더 탔다. "엄마 내일 또 와서 놀아요." 말하며 집을 향해 뛰어갔다.

"애랑 집에서 뭐 하세요? 아이가 심심해하지 않아요?"

지인들은 나에게 온종일 도대체 뭐하면서 아이와 놀아주는지 묻는다. 사람들은 아이가 집에 있으면 으레 심심해할 거로 생각한다. 그리고 그때마다 엄마가 아이에게 뭔가를 해줘야만 한다고 여긴다. 하지만 그들은 알까? 아이는 심심해야 한다는 것을. 그래야 비로소 아이는 재밌게 놀 거리를 생각한다. 아이에게는 빈둥거리며 멍 때리는 시간이 차고 넘쳐야 한다. 그때 아이는 놀기 위해 스스로 몸을 움직이기 시작한다.

아이들에게 할 일이 있다면 그것은 놀이다. 사실 아이는 늘 뭐 하고 놀지 생각하고 움직이느라 바쁘다. 첫째 아이는 깨어있는 시간 내내 스스로 만들어서 논다. 노는 방법도 날마다 다르다. 내가 "이거 하고 놀아라." 이야기할 필요가 없다. 자기는 할 일이 많아서 바쁘단다. 아이가 하는 말을 듣고 있자니 웃긴다. 내가 볼 때 자는 시간 빼고 죄 노는 시간이구만. 도대체 뭐가 그리 바쁘다는 건지.

"여기는 2달러 상점이에요, 이곳은 3달러 상점이고요. 엄마는 뭐 살래요?"

최근에 잠자기 전에 〈104층 나무집〉을 읽어줬다. 그랬더니 날이면 날마다 집안 곳곳에 가게를 만든다. 잠자는 방에 이불과 베개로 여러 개 만든 동산이 보인다. 한 개마다 가게다. 1달러부터 5달러까지 있단다. 이불, 베개만으로 가게를 만들다니. 아이의 상상놀이는 끝이 없다. 엄마는 그저 아이가 하자는 대로 해주면 된다. 그러면 아이는 세상 신나 한다.

"엄마 우리 소풍 가요."

이불을 가져와서 바닥에 편다. 싱크대에서 그릇을 여러 개 뺀다. 과일 모형을 들고 와 그릇마다 담는다. 어느새 한 상을 차린다. 여기서 먹으면서 놀자고 한다. 조금 뒤에 둘째 아이가 소리를 내며 기어온다. 오빠가 만든 점심상을 다 헤집어 놓는다. 그리고 과일 모형을 집어서 입에 넣는다. 그러다가 여기저기로 휙휙 던진다.

첫째 아이는 다른 곳으로 옮겨서 텐트를 만들기 시작한다. 이불로 쏘서(어린 아기가 서서 놀 수 있는 장난감)를 덮는다. 그 위에 베개를 쌓는다. 이불 속으로 쏙 들어가더니 "엄마, 나 찾아보세요" 하고 부른다. 내가 모르는 척하며 "하민이가 어디 갔지? 안 보이네" 한다. 그러자 아이는 얼굴을 빼꼼 내민다. "엄마, 저 여기 있잖아요" 하며 깔깔대고 웃는다.

둘째 아이는 오빠가 하는 행동을 보더니 거침없이 다가온다. 이불을 들친다. 앉아서 이불 한 쪽을 당긴다. 그러다 쏘서를 잡고 서서 베개를 끄집어내리려고 한다. 잘 안되는지 낑낑댄다. 첫째 아이는 여기저기에 새롭게 만든다. 그러면 둘째 아이는 냉큼 기어 와서 다 부순다. 나이 차이가 있으니 서로 다르게 논다.

아이들이 자라면서 놀이 단계가 바뀐다. 처음에는 단순하게 반복해서 논다. 그러다가 규칙과 질서를 이해하는 놀이까지 발전한다. 다음은 나이에 따른 놀이 발달 과정이다.

# ★ 나이에 따른 놀이 발달 과정 ★

## 1. 태어나서 24개월까지: 탐색놀이, 반복놀이

감각운동기이다. 그래서 24개월 전까지 놀 때 시각, 청각, 촉각인 오감을 이용한다. 그와 함께 뇌도 활발하게 발달한다. 아이들은 감각을 통해서 세상을 알아간다. 12개월 전후 아이들은 손에 잡히는 물건은 뭐든지 입으로 먼저 가져간다. 그리고 그걸 떨어뜨리거나 던진다. 이런 동작을 계속 반복한다.

## 2. 25~48개월: 상상놀이, 역할놀이

전조작기이다. 24개월이 지나면서 좌뇌와 우뇌를 연결하는 '뇌량(좌뇌와 우뇌 사이를 연결하는 신경다발)'이 발달하기 시작한다. 보고 경험한 것을 통해 스스로 만들어서 노는 시기이다. 이때는 상상놀이를 많이 한다. 보자기를 놓고 소풍놀이를 한다. 책에서 얻는 지식으로 놀이를 만든다. 또한 친구들과 역할놀이를 한다. 아이는 엄마가 되거나 아빠가 된다. 다른 사람의 역할을 해보면서 공감하는 능력이 생긴다.

## 3. 48개월 이상: 협동놀이

친구와 함께 논다. 서로 의견이 맞지 않을 때 이를 해결하려고 한다. 여러 가지 시행착오를 경험하면서 사회성, 문제해결력, 판단력, 창의력을 기른다.

이런 발달을 거치면서 놀이가 바뀐다. 여기에는 진짜 놀이와 가짜 놀이가 있다. 두 가지를 구분하는 가장 확실한 기준은 누가 놀이를 주도하느냐다. 아이가 놀이의 주체가 되어서 이끈다면 이는 진짜 놀이다. 어른의 계획에 의해 아이가 그저 따라가기만 한다면 진짜 놀이가 아니다. 진정한 놀이는 아이가 원하고 즐거워하며 주도하는 것이다.

아이는 진짜 놀이를 할 때 즐겁다. 놀이는 놀이 자체로 아이에게 재미를 준다. 집 안에 널린 온갖 물건이 아이에게 좋은 놀잇감이다. 위험한 것만 치우면 된다. 아이는 손에 잡히는 생활용품으로 기상천외한 것들을 만들면서 놀 수 있다. 어릴 때부터 놀면서 세상을 온몸으로 알아가는 아이. 자기가 놀 거리를 스스로 만들며 자란 아이는 삶이 즐겁다. 세상이 재미있다. 그렇게 진정한 놀이를 통해 건강하게 자란다. 아이 스스로 자유롭게 만들고 놀도록 충분한 시간과 놀 거리를 허락해주자.


프랑스 철학자 폴 사르트르는 말했다.

"인간이 자신을 자유로 이해하고, 그의 자유를 사용하고 싶을 때, 그때 그는 놀이를 한다."

# 06. 책으로 놀자, 엄마표 독서놀이

오늘은 도서관 가는 날. 도서관용 가방에는 책이 한가득 들어있다. 이번 달은 사람마다 10권씩 빌릴 수 있다. 그러다 보니 애 책, 내 책이 30권 가까이 들어있다. 둘째 아이를 유모차에 태우고 가방을 유모차 아래 쑤셔 넣는다. 책이 많으니 잘 안 들어간다. 힘을 써서 쑥 밀어 넣는다.

도서관 도착. 첫째 아이는 바람처럼 빠르게 뛰어들어간다. 나는 둘째 아이를 안고 간다. 도서관에 들어올 때마다 내 코에 닿는 책 냄새. 수많은 책이 나를 반겨준다. 오늘은 어떤 보석 같은 그림책을 발견하게 될지. 벌써 가슴이 두근거린다.

나는 첫째 아이가 13개월부터 도서관에 데리고 다니기 시작했다. 그리고 5살 때 홈스쿨링을 하면서 일주일에 한 번 도서관 가는 날을 만들었다. 첫째 아이는 도서관에 들어가자마자 책장을 둘러보고 책을 몇 권 뺐다. 품에 책을 안고 벽으로 갔다. 벽마다 아이들이 앉거나 누워서 책을 볼 수 있게 만들어 놨다. 첫째 아이는 그곳에 들어가 누워서 책 보기를 좋아했다. 오늘도 어김없이 누웠다. 그리고 편안하게 책을 보고 있다.

나는 둘째 아이를 유아책이 있는 공간으로 데리고 가서 내려놓았다. 이제 익숙한지 자연스럽게 책장에 기어갔다. 책을 하나씩 뺐다. 그리고 던졌다. 둘째 아이는 책 빼는 놀이에 빠졌다. 그동안 나는 책장 한곳을 정해서 거기 꽂힌 그림책의 제목을 찬찬히 읽기 시작했다. 이번 주에는 무슨 재미있는 책을 읽어줄까? 보물 찾듯이 눈을 크게 뜨고 보고 있다.

도서관은 책과 친해지기 가장 좋은 곳이다. "나를 키운 것은 동네 도서관이었다. 책 읽는 습관은 하버드대의 졸업장보다 더 중요하다"고 빌 게이츠는 말하지 않는가. 도서관은 신기한 힘을 가진 곳이다. 자꾸 다니다 보면 책과 가까워지도록 도와준다.

어린이도서관에는 어린이를 위한 그림책이 많다. 아이가 좋아할 만한 책을 찾기에 이보다 좋은 곳이 없다. 인터넷서점에서 미리 보기로 살펴볼 수 있지만 직접 보는 것만 못하다. 아이가 좋아하는 주제가 보이는 책을 여러 권 꺼내서 넘겨본다. 그리고 거기에서 읽어주고 싶은 책을 고른다.

내 아이를 위한 책 찾기. 아이가 계속 읽어달라는 책이 나오면 성공이다. 이럴 때 나 스스로에게 잘했다고 폭풍 칭찬한다. '내가 이번에도 아이가 좋아할 책을 찾아냈어!' 그리고 정말 재밌어서 계속 보고 싶다고 말하는 책은 인터넷으로 주문한다. 이때 사는 책은 아이가 즐겁게 봤기 때문에 집에 놔도 좋다. 아이가 놀면서 한 번씩 빼보기 때문이다.

첫째 아이는 "이 책은 좋다, 이것은 안 보겠다"고 확실하게 말한다. 그리고 자기가 볼 때 재미있는 책만 읽어달라고 한다. 그게 아닌 책을 읽어주려고 하면 아이가 책을 덮는다. 그러다 보니 안 보겠다는 책을 읽게 하기 어렵다. 아이가 자꾸 읽어달라는 책, '재밌다'는 책을 찾은 날은 "심 봤다!"고 외친다. 정말 기쁘다.

일주일마다 도서관 가기와 더불어 한 달에 한 번 중고서점에 간다. 집 가까이에 '아름다운 가게'가 있다. 더 이상 안 보는 내 책을 기부한다. 그리고 돈 만 원 안에서 아이가 책을 사게 한다. 여기서도 '만 원의 행복'은 계속 이루어진다. 아이에게 돈 만 원을 준다. 이곳의 책은 한 권에 1,000원~3,000원. 만 원으로 5~10권을 살 수 있다.

첫째 아이는 책장을 둘러보며 책을 꺼낸다. 그 자리에 그냥 앉아서 본다. 그런 모습을 볼 때마다 내 마음에 환한 햇살이 가득하다. 기분 좋아서 내 입꼬리가 올라간다. 아이는 한참 동안 이 책, 저 책을 보더니 몇 권을 고른다. 이번 달은 이것을 사겠다며 계산대에 간다. 아이가 돈을 낸다. 여기서도 아이가 직접 하나씩 해본다. 어릴 때부터 책을 사는 과정을 몸으로 배우는 것이다.

이제 아장아장 잡고 걷는 둘째 아이. 바닥에 내려놨더니 책장을 잡고 걷는다. 그러다가 책을 뺀다. 빼고 또 빼기를 반복한다. 여기서도 책 빼기 놀이를 계속한다. 아이가 재미있는지 까르르 웃는다. 그래, 너에게는 책을 만지고 던지고 하는 모든 게 놀이지. 책은 장난감이니까.

책과 가까이 지내는 아이로 키우기. 내가 늘 도서관과 중고서점에 데리고 다니는 이유다. 책도 자꾸 봐야 친해진다. 가물에 콩 나듯 어쩌다 한

번 보는 것으로는 책을 좋아하는 아이로 키울 수 없다고 생각한다.

나는 생활 속에서 책과 가깝게 지내는 방법을 아이에게 알려주고 싶었다. 그래서 아이가 아주 어릴 때부터 경험할 수 있는 환경을 만들어주었다. 자꾸 책이 있는 곳으로 아이를 데리고 갔다. 책을 보고 빌려보고 사보고. 책을 읽기 위해 필요한 일들을 직접 해보는 게 중요했다. 물 마시듯, 공기 들이마시듯, 아이가 책과 가깝게 지내도록 도와주기. 아이가 생활 속에서 언제든 책을 볼 충분한 시간을 제공하기. 그게 엄마로서 내가 할 일이었다.

이번에 빌린 책을 읽어준다. 아이가 산 책을 같이 본다. 그러다 책을 가지고 논다. 이런 모든 경험은 아이에게 책이 좋은 것이라는 생각을 갖게 한다. 그래서 나는 단순히 책만 읽어주지 않는다. 책을 갖고 자유롭게 놀게 한다.

책은 아이에게 제일 좋은 놀잇감이다. 책을 읽는 것과 더불어 책과 몸으로 신나게 놀 수 있다. 아이와 어떻게 책으로 놀면서 시간을 보낼 수 있을까? 아이가 재미있다며 깔깔대고 웃는 '책놀이' 방법을 몇 가지 소개한다.

### 1. 책을 순서대로 찾아서 발로 "땡"

전집은 순서가 정해져 있다. 그래서 번호를 먼저 찾아서 발이나 손으로 땡 치는 게임이다. 그러면서 아이가 순서를 말하고 숫자 익히기도 함께 할 수 있다.

### 2. 책 도미노 만들기

바닥에 책을 이어서 길을 만든다. 그 위에 표지가 단단한 책을 하나씩 세운다. 길 끝까지 놓고 난 뒤에 공을 굴린다. 책이 하나씩 넘어간다. 넘어갈 때마다 아이가 손뼉을 치며 좋아한다.

### 3. 공이나 자동차 굴리고 골인하기

책으로 만든 길 위에서 굴릴 수 있는 것은 모조리 굴려본다. 아이들은 굴리기를 좋아한다. 누가 먼저 골인하나 시합도 한다.

### 4. 책 집 만들기

책으로 네모를 만들어 쌓아 올린다. 표지가 튼튼한 책은 집을 만들기에 좋다.

### 5. 잠자기 전에 책 읽어주기

잠자기 전에 두 아이에게 한글 그림책, 영어 그림책을 꼬박꼬박 읽어준다. 밥을 먹듯이 책 밥을 먹인다. 책 읽는 습관은 하루아침에 만들어지지 않는다. 양과 시간이 충분히 쌓여야 한다. 그러려면 하루에 한 번 15분 동안 꼭 책 읽어주는 시간을 만들어야 한다. 잠자기 전에 읽어주는 게 제일 좋다. 이는 아이가 아주 어릴 때부터 시작한다.

---

"저절로 책을 좋아하게 되는 아이는 거의 없다. 누군가는 아이를 매혹적인 이야기의 세계로 끌어들여야 한다. 누군가는 아이에게 그 길을 가르쳐주어야 한다."〈아이들에게 책을 읽어주는 아버지〉를 쓴 오빌 프레스콧은 말했다. 나는 부모가 아이에게 줄 수 있는 가장 좋은 습관이 책 읽기라고 생각한다. 이것은 다른 사람이 대신해줄 수 없는 일이다. 부모는 아이가 책을 좋아하도록 그 길을 만들어줘야 한다. 오늘 아이와 함께 책을 가지고 놀자. 그리고 잠자기 전에 아이에게 책을 읽어주면 어떨까? 어릴 때부터 부모가 읽어주는 책을 듣고 자라는 아이의 삶은 즐겁고 풍성할 것이다.

# 07. 엄마!
# 내가 할래요

"엄마는 지금부터 화장실 청소를 할 거야. 넌 어떻게 할래?"

"엄마, 내가 할래요."

내가 화장실 청소를 하겠다고 하자 아이가 베란다로 나간다. 그러더니 수세미를 들고 온다. 내가 화장실 청소를 할 때 쓰는 것이다. 아이는 이걸로 자기가 청소를 하겠다고 한다. 나는 샤워기로 바닥에 물을 뿌린다. 아이는 수세미로 벅벅 닦는다. 내가 변기에 물을 뿌린다. 아이가 닦는다. 나는 물을 뿌리고 아이는 닦기를 반복한다.

이제 청소를 다 했다고 하니 아이가 자기는 더 해야겠단다. 아직 더럽다며. 그러더니 작은 컵에 물을 담는다. 그리고 물을 붓는다. 수세미로 여러 번 문지른다. 그렇게 이곳저곳을 닦는다. 나는 아이에게 하고 싶은 만큼 더 하라고 말하고 나간다. 아이는 화장실에서 한참 있으면서 청소놀이를 한다. 화장실 청소는 어느새 아이가 좋아하는 물놀이로 바뀌었다. 첫째 아이는 이처럼 뭘 하더라도 자기가 하려고 하는 아이다.

나는 분무기에 물을 넣고 구연산 가루를 탄다. 그리고 베란다 유리창에 뿌린다. 마른 수건으로 쓱쓱 문지른다. 아이는 내가 하는 모습을 보더니 "내가 할래요"를 외치며 금세 달려온다. 아이에게 수건을 가져오라고 말해 준다. 수건을 가지고 신나서 온 아이.

나는 아이에게 분무기를 건넨다. 그때부터 아이는 분무기에 있는 물을 뿌리고 닦기를 반복한다. 물 한 통을 모두 쓰더니 화장실로 간다. 분무기 안에 물을 한가득 담아온다. 그리고 다시 시작한다.

가만히 오빠의 행동을 지켜보고 있던 둘째 아이. 이제 갓 돌이 지났다. 둘째 아이는 늘 오빠 뒤를 졸졸 쫓아다니며 따라 한다. 이번에도 가만히 있지 않는다. 깍깍 소리를 낸다. 자기도 해보겠다는 말이다. 아주 어릴 때부터 뭔가를 하겠다고 표현하는 모습. 보고 있으면 기특하다.

나는 둘째 아이에게 작은 수건을 준다. 그랬더니 둘째 아이가 문을 잡고 서서 어설프게 문지른다. 서서 물기를 닦을 수 있을 정도로 자랐다니. 아이의 변화는 언제나 놀랍다. 두 아이는 오전에 베란다 창문을 닦는 놀이로 즐거운 시간을 보낸다.


지인이 방울토마토 한 박스를 선물로 주셨다. 나는 물에 베이킹소다를 풀고 방울토마토를 담가놓았다. 이제 씻으려는데 첫째 아이가 온다.

"엄마, 뭐해요?"

"토마토 씻으려고."

"내가 할래요."

이번에도 아이 입에서 같은 말이 나온다. 뭐든 시작하기 전에 자기가 해 보겠다는 아이의 말. "내가 할래요." 그래서 나는 아이에게 토마토 꼭지 따는 법을 알려준다. 아이는 조그만 손으로 열심히 따낸다. 꼭지를 보더니 "엄마, 보세요. 별이 둥둥 떠 있어요." 말한다.

정말 물 위에 떠 있는 꼭지가 별 같다. 아이는 좋다며 계속한다. 꼭지를 다 딴 뒤에 물로 여러 번 헹군다. 아이는 손으로 조물조물 방울토마토를 만진다. 다 씻고 나서 아이에게 물어본다.

"방울토마토 몇 개 먹을래?"

"5개요."

나는 아이에게 그릇을 준다. 아이는 자기가 먹을 방울토마토 5개를 골라서 담는다. 그리고 맛있다며 먹는다.


첫째 아이를 키우면서 정말 많이 듣는 말 중의 하나는 "내가 할래요"였다. 아이는 뭐든 자기가 직접 해보고 싶어 했다. 이런 행동은 이유식을 먹일 때부터 나타났다. 첫째 아이가 10개월 무렵 어느 날, 아이는 내가 먹여주는 음식을 거부했다. 입을 다물고 열지 않았다. 나는 당황했다. '얘가 왜 이걸 안 먹지?' 입을 벌리지 않는 아이에게 억지로 음식을 먹일 수 없었다. 그리고 자꾸 손으로 음식을 만지고 놀았다.

그렇게 며칠 동안 아이는 입을 닫고 내가 주는 이유식을 안 받아먹기를 반복했다. 나는 계속 먹이려고 애쓰고, 아이는 그럴수록 더욱 입을 꾹 다물었다. 나는 '아이가 이렇게 안 먹어서 어떡하나.' 걱정했다. 계속 거부하는 아이에게 음식을 강제로 먹이면 안 되겠다고 생각했다.

나는 어떻게 먹게 해야 좋을지 찾아봤다. 그러다 '아이주도 이유식'을 발견했다. '아이주도 이유식'은 아이가 손으로 자기가 먹을 것을 집어 먹는 방법이었다. 누가 떠먹여 주는 것이 아니었다. 나에게 큰 전환이었다. 나는 내 아이에게 맞는 방법이라고 생각했다. 그래서 내가 먹여주는 것을 내려 놨다. 아이에게 음식을 주고 스스로 집어 먹게 했다. 그랬더니 아이가 입을 열고 조금씩 먹기 시작했다. 나는 알게 되었다. 아이는 자기가 직접 해보기를 더 좋아한다는 것을.

아이가 손으로 집어서 먹다 보니 아이 몸과 주변 바닥은 늘 지저분했다. 여기저기 음식이 떨어져 있었다. 그렇지만 이것은 큰 문제가 아니었다. 다 먹고 나서 한 번에 씻기고 치우면 되기 때문이었다. 오히려 먹지 않으려는 아이를 어떻게든 먹이려고 힘쓰는 시간을 보내지 않아서 기뻤다.

아이가 조금씩 집어 먹다 보니 어느새 혼자서 잘 먹었다. 손으로 먹던 아이가 만 13개월이 되니 숟가락을 쓰기 시작했다. 자기가 해보고 싶을 때 하더니 숟가락질도 금방 익혔다. 아이의 변화를 내 눈으로 직접 보고나니 내가 먹여주는 것을 먹지 않던 아이에게 고마웠다. 아이가 그렇게 거부하지 않았다면 나는 계속 아이에게 먹여주었을 테니까.


아이들은 아주 어릴 때부터 자기가 직접 해보고 싶어 한다. 이때 아이가 하도록 허락하면 아이는 아주 많은 실수와 성취를 반복한다. 그러면서 생활에 필요한 능력을 갖춰나간다. 더불어 아이에게 필요한 자신감, 성취감, 자존감, 자기주도능력은 아이가 스스로 해낼 때 기를 수 있다. 다른 사람이 해주는 것을 받으며 자란 아이는 '나는 못하는 아이야. 그래서 누군가 나를 도와줘야만 해' 하고 생각하고 자랄 수밖에 없다. 하지만 자꾸 실수하면서 조금씩 성공하는 경험이 쌓인 아이는 '나는 이것도 할 수 있다'고 생각한다.

아이는 모든 것이 새롭기 때문에 많은 실수를 할 수밖에 없다. 그러면서 계속 배운다. 프랭클린 루스벨트는 "실수하지 않는 유일한 인간은 아무것도 하지 않는 사람뿐이다"라고 말하지 않았는가. 우리는 실수를 통해서 다음에는 어떻게 해야 할지 깨닫고 행동을 조금씩 바꿀 수 있다. 미숙했던 것도 여러 번 하다 보면 능숙하게 해낸다. 아이도 다르지 않다. 어릴 때 충분하게 많은 실수를 하며 자라야 한다. 이를 통해 날마다 성장하기 때문이다.

아이들은 사소한 사고에서 중요한 가치 있는 교훈들을 얻는다. 많은 부모들은, 달걀 한 개 깨뜨린 일을 두고도 마치 다리라도 부러뜨린 듯이, 유리창 한 장 깨뜨린 사고를 두고도 마치 심장이라도 터뜨린 듯이 다루려고 한다. 하찮은 불행은 가볍게 취급해야 한다. 장갑 한 짝 잃어버렸다고 마음의 평정을 잃어버릴 것까지는 없다. 옷이 찢어진 일을 두고 마치 큰일이라도 난 것처럼 법석을 떨 필요는 없다. 반대로 사고는 가치를 가르쳐 줄 좋은 기회가 될 수 있다.

나는 〈부모와 아이 사이〉를 읽고 아이가 실수했을 때 부모가 아이에게 어떤 태도를 보여주는 것이 좋은지를 배웠다. 실수를 통해서 아이는 문제해결능력을 기를 수 있다. 그 뒤로 '실수하는 시간'을 아이가 삶에서 필요한 기술을 익히는 좋은 기회로 삼았다.

삶에는 늘 문제가 생긴다. 시시각각 생기는 사고를 피할 수 없다. 어떤 태도를 가졌느냐는 이때 큰 차이를 가져온다. 문제가 생겼을 때 환경 탓, 남 탓을 할 것인가. 아니면 그 상황을 해결한 방법을 찾아서 내 몸을 움직일 것인가.

나는 삶에 끊임없이 생기는 문제를 어떻게 바라보고 행동하느냐가 행복과 연결된다고 생각한다. 남 탓, 환경 탓만 하고 있으면 내가 할 수 있는 일은 없다. 하지만 여기에서 내가 할 수 있는 일을 '찾으면' 변한다. 문제가 생겼을 때 나는 무엇을 하면서 이것을 해결해 나갈까를 생각하는 것이다. 그러면 내가 중심인 생활로 바뀐다. 내가 해내고 할 수 있는 것이 많아질수록 나는 행복하다.

아이는 내가 어떤 태도를 갖고 문제를 대하는지 다 보고 배우고 있었다. 내가 아이가 실수했을 때 보여주는 행동과 말을 아이는 그대로 보고 따라 했다. 나는 먼저 나에게 "괜찮아, 그럴 수 있어. 다시 하면 되지"를 말하기 시작했다. 그리고 내 눈에는 아이의 어처구니없는 실수라고 하더라도 "괜찮아"로 이야기해주었다.

미국 작가 로버트 풀검은 말했다. "아이들이 말을 안 듣는다고 걱정하지 말고, 아이들이 항상 당신을 지켜보고 있다는 것을 걱정하라." 아이는 내 곁에 있는 내내 배우고 있었다. 어릴수록 나에게 더 많은 영향을 받고 있었다.

오늘 "내가 할래요"라고 말하는 아이에게 조금씩 할 기회를 주자. 그리고 아이가 언제나 실수할 수 있음을 기억하고 그것을 통해서 배우고 성장하는 아이를 키우면 어떨까? 아이가 해보다가 실수를 하면 "괜찮아"라고 말해주기. 아이가 스스로 문제를 해결하게끔 따뜻하게 지켜봐 주기. 그게 바로 내가 할 일이다.

# 5장

# 행복한 엄마가
# 행복한 아이를 만든다

# 01. 아이는
# 엄마의 거울이다

토요일 아침 8시. 남편과 아이들이 편안하게 자는 소리를 뒤로 한 채, 나는 혼자 집을 나선다. 현관문을 열자 코끝에 닿는 아침 공기가 상쾌하다. 나는 숨을 크게 들이마시고 내쉰다. 그리고 천천히 걷기 시작한다. 공원을 타박타박 걷는다. 발바닥에 닿는 느낌이 좋다. 아침에 지저귀는 새소리가 경쾌하다. 파란 하늘을 올려다본다. 옅은 구름이 바람을 따라서 조금씩 움직인다. 온 세상이 환하다.

집 가까운 카페에 들어간다. 신선한 커피 냄새가 나를 반긴다. 나는 구석에 가서 짐을 푼다. 내가 좋아하는 차와 샌드위치를 시킨다. 자리에 앉아서 창밖을 바라본다. 내가 모르는 많은 사람이 바쁘게 지나간다. 나는 뜨거운 차를 호호 불고 한 모금 마신다. 그리고 샌드위치를 한입 베어 문다.

쉴 새 없이 조잘조잘 떠드는 아이의 말. "엄마"하고 끝없이 부르는 목소리가 들리지 않는다. 누구도 나를 찾지 않는다. 나는 자유롭다. 내 몸을 감싸는 잔잔한 음악 소리와 따뜻한 공기. 토요일 오전 3시간은 내가 온전히 숨 쉬는 시간이다. 나를 돌아보고 느끼는 시간. 아이가 내 옆에 없는 지금 이 순간이 정말 좋다. 행복하고 감사하다.

육아에 지친 어느 날. 나는 남편에게 말했다. "여보, 이렇게 일주일 내내 아이만 키우다가는 내가 폭발하겠어요." 하루하루 쳇바퀴 돌듯이 반복하는 육아. 나에게는 산소호흡기를 낄 시간이 필요했다. 그렇지 않으면 수시로 나를 누르는 육아의 무게를 이기지 못하겠다고 생각했다.

나는 남편에게 부탁했다. 나에게 혼자 보낼 수 있는 시간을 달라고. 그래야 내가 아이를 키울 수 있겠다고 말했다. 남편은 흔쾌히 내 말을 들어주었다. 나는 하늘을 날아갈 듯이 기뻤다. 그리고 토요일 오전에 남편에게 아이 둘을 맡기고 나가기 시작했다. 카페에 다녀와서 다시 새로운 마음으로 아이들을 대했다. 콧바람을 쐬고 집에 돌아오면 아이 둘 돌보기가 훨씬 즐거웠다.

아이를 키울 때 가장 중요한 것은 무엇일까? 나는 엄마의 기분 상태와 체력이라고 생각한다. 내가 기분이 좋고 피곤하지 않으면 아이에게 좀 더 친절하게 반응한다. 아이의 작은 실수도 눈감아주기 쉽다. 인내심도 내 상태가 좋을 때 나온다. 하지만 내 몸이 피곤하고 기분이 나쁘면 같은 상황이어도 다르다. 그냥 넘어갈 일에도 아이에게 잔소리를 퍼붓는다. 아이가 보고 배우니 일관성 있게 대하라는데. 어찌 그게 말처럼 쉬운가.

나도 안다. 내 기분에 따라서 아이를 대하면 좋지 않다는 것을. 아는데 안 되는 걸 어쩌란 말인가. 그러면 그냥 부족한 나를 받아들이면 되는 건데… 그것도 잘 안 된다. 더구나 내가 알면서도 잘 못 한다는 생각은 내 안에 죄책감만 키운다. 나는 너무 부족한 엄마라서 아이에게 늘 미안하다.

언제까지 내 기분에 따라서 육아를 할 순 없다. 나는 어른이다. 성인이라면 내 삶은 내가 온전하게 책임져야 한다. 내가 사랑하는 사람을 만나서 결혼했지, 누가 이 사람이랑 하라고 그랬나? 아이도 내가 낳고 싶어서 낳은 거다. 내 발로 하겠다고 선택한 일 아닌가. 누가 등 떠밀고 시켜서 한 것이 아니다.

아이가 태어났으면 잘 키워야 한다. 나에게 온 선물 같은 아이를 건강한 사람으로 길러야 한다. 그게 부모로서 해야 할 일이다. 칼 비테는 말했다. "자식은 부모의 것이 아니란다. 하나님의 자녀이기에 더욱 최선을 다해야 해." 부모는 아이에게 좋은 본보기로 살아야 한다. 내가 바르고 굳게 서서 아이에게 좋은 말과 바른 행동을 보여줘야 한다.

아이가 보여주는 말과 행동을 볼 때마다 나는 깜짝깜짝 놀랐다. 아이 안에 또 다른 내가 있었다. 아이의 모습에서 나를 발견했다. 그럴 때마다 내가 아이에게 일상에서 보여주는 모든 것이 얼마나 중요한지 깨달았다.

둘째 아이가 낮잠을 자고 일어났는지 "잉잉" 우는 소리가 들렸다. 첫째 아이가 놀다가 부리나케 방으로 들어갔다. 아이는 동생을 보고 "지민아, 잘 잤어?"라고 말했다. 그리고 둘째 아이를 안고 거실로 데리고 나왔다. 첫째 아이가 보여준 모습은 내가 둘째 아이에게 하는 행동과 똑같았다. 내가 "동생이 일어나면 이렇게 하는 거야" 하고 앉혀놓고 아이에게 가르친 적 없었다. 그렇지만 아이는 나를 그대로 따라 했다. 생활 속에서 엄마를 보고 아주 자연스럽게 배우고 있었다.

어미 게가 새끼 게에게 이르기를, 모로 걷거나 젖은 바위에 옆구리를 문지르지 말라고 했다. 새끼 게가 말했다. "엄마, 나를 가르치려거든 먼저 엄마부터 똑바로 걸어보세요. 내가 보고 따라 할게요!"

〈이솝우화〉에 나오는 '게와 어미 게 이야기'다. 어미 게는 새끼 게에게 옆으로 걷지 말라고 말했다. 하지만 새끼 게는 그럴 수 없었다. 어미 게를 보고 배웠기 때문이다. 어릴 때부터 엄마가 보여준 말과 행동을 배우고 자라는 아이. 그것을 뛰어넘어서 다른 모습으로 클 수 없다. 어른이 되어서 내가 이렇게 하면 안 되겠다고 깨닫고 부단히 노력해서 바꾸지 않는 한, 아이는 부모에게 배운 방법대로 세상을 살 수밖에 없다.

그렇기 때문에 내가 아이에게 보여주는 모습이 정말 중요했다. 더구나 두 아이를 모두 집에 데리고 있다 보니 어떻게 내 감정과 체력을 잘 조절하는지에 따라서 하루가 달랐다. 내가 아이에게 주는 영향이 정말 컸다. 그 책임감이 무거워서 한 번씩 육아를 벗어나서 도망치고 싶었다. 그런데 그럴 수 없었다. 내가 낳은 아이인데. 육아를 때려치우고 싶다고 해서 끝낼 수 없었다. 끝까지 나를 계속 따라다니는 족쇄였다. 그리스 신화에 나오는 시시포스처럼.

그는 타르타로스 언덕 위에서 큰 바윗돌을 계속 밀어 올려야 했다. 바윗돌을 꼭대기까지 밀어 올리면 다시 밑으로 굴러떨어졌다. 그래서 시시포스는 영원히 되풀이해서 그 일을 했다. 큰 바윗돌 같은 육아. 자식 키우는 일은 내가 계속 굴려야 하는 무거운 돌이었다.

끝없는 상황만 생각하면 아이 돌보기가 너무 힘들다. 해도 해도 돌의 무게가 줄지 않는다. 육아는 엄청난 책임감으로 나를 짓누른다. 아이를 잘 키워야 한다는 생각에 버겁다. 그렇지만 내가 이런 상황을 어떻게 바라보느냐에 따라 다르다. 지금 내가 하는 일은 나에게 어떤 의미가 있는지 바꿔서 생각해본다. 그리고 내가 할 수 있는 일을 하는 것이다.

아이를 잘 키우는 일은 바로 나를 부단히 바꿔가는 과정이다. 아이에게 좋은 본보기로 살기 위해서 말이다. 이를 위해 내 모습부터 하나씩 고쳐나간다. 내가 좋은 사람이 되려고 노력한다. 남을 바꾸는 데 힘을 쓰기보다 나에게 관심을 쏟는 게 더 낫다. 그러면 나를 보고 자라는 아이는 자연스럽게 잘 자라겠지.

아이는 나를 비춰주는 가장 깨끗한 거울이다. 아이의 모습을 보고 나를 돌아보았다. 아이가 보여주는 말과 행동은 나에게 큰 가르침을 주었다. 아이는 내가 마주하고 싶지 않은 진실을 보게 만들었다. 나는 아이를 키우며 나를 계속 바꿔나갈 수 있었다.

내 감정, 말, 태도가 아이에게 주는 영향은 엄청나다. 아이는 있는 그대로 보고 따라 하기 때문이다. 아이는 자라면서 그것이 맞는지 틀린지도 모른 채, 그저 있는 그대로 흡수한다. 내가 지금 아이에게 던지는 말과 행동의 씨앗이 무엇인지, 이게 어떻게 뿌리 내리고 자랄지. 그리고 어떤 열매를 맺을지는 나에게 달려있었다. 결국 나를 돌아볼 수밖에 없었다.

"파란 물감을 들이면 파랗게 되고 노란 물감을 들이면 노랗게 된다. 넣는 물감이 변하면 그 색깔이 변하므로 물들이는 것을 신중해야 한다"는 묵자의 말이 있다. 내가 어떤 색으로 아이를 물들일지는 내 행동과 태도에 달렸다. 내가 예쁜 색의 물감이 되면 아이는 자연히 나와 같은 색으로 물들 것이다.

　그렇기 때문에 나는 내가 날마다 건강하게 성장하길 원한다. 무엇보다 부족한 나에게 와서 가르침과 깨달음을 주는 아이가 있어서 고맙다. 그리고 나를 진정한 어른으로 만들어주는 아이가 있어서 행복하다.

# 02. 아이 나이만큼
## 엄마도 자란다?

"그때 난 아무것도 몰랐어. 꽃의 말이 아니라 행동으로 판단했어야 했는데. 내 꽃은 나를 향기롭게 해주고, 빛나게 해주었어. 내 꽃으로부터 도망쳐서는 안 되는 거였어! 가엾은 속임수 뒤에 숨은 다정한 마음을 눈치챘어야 했어. 꽃들은 너무나 모순적이야. 그리고 그때 난 꽃을 사랑하는 법을 알기에는 너무 어렸어."

〈어린 왕자〉에 나오는 이야기다. 나는 아이를 낳기 전에 그래도 내가 꽤 괜찮은 사람이라고 여겼다. '아이 키우는 거 뭐 있어? 많이 사랑하고 이해해주면 되지.' 생각했다. 내 아이를 키울 때 그렇게 할 줄 알았다. 하지만 그것은 커다란 착각이었다. 육아하면서 내가 얼마나 미숙하고 사랑이 없는 사람인지 깨닫는 데 오랜 시간이 걸리지 않았다. 아이를 있는 그대로 사랑하고 품는 일이 얼마나 어려운지 뼈저리게 알았다. 모성애는 아이를 낳는다고 그냥 생기는 게 아니었다. 내가 상상했던 좋은 엄마는 현실 속에 없었다.

첫째 아이는 밤에 잠을 안 자도 너무 안 잤다. 그리고 밤마다 목이 터져라 울어댔다. 나는 우는 아이를 침대 위로 던져버리고 싶었다. 울음소리가 없는 집 밖으로 뛰쳐나가고 싶었다. '그래도 내가 엄마인데, 이러면 안 되지.' 마음을 다잡았다. 아이를 업고 엉덩이를 쳐대며 '제발 잠 좀 자라!'를 속으로 외쳤다. 그렇지만 아이는 쉽게 잠들지 않았다. 밤이 오는 게 무서웠다.

나는 아이를 낳자마자 아이가 사랑스러울 줄 알았다. 그런데 밤마다 여러 날 잘 자지 않는 아이. 내 눈에 전혀 예쁘지 않았다. 내 아이가 사랑스러워 보이지 않을 수 있다는 것. 나에게는 큰 충격이었다. 나는 엄마가 되면 내 안에 사랑이 샘솟고 넘쳐날 줄 알았다. 하지만 나에게 그런 차고 넘치는 사랑은 없었다.

아이가 울고 떼쓸 때 잘 달래주면 될 줄 알았다. 그렇지만 안아서 달랠수록 아이는 더 울었다. 아이를 그 자리에 버려두고 어디론가 숨고 싶었다. 30분 넘도록 우는 아이. 아이 입을 막고 내 귀를 닫고 싶었다. 나는 어떻게 해야 아이의 울음을 멈출 수 있는지 몰랐다. 아이의 마음을 읽어주고 감정을 이해해주면 되는데. 초보 엄마는 알 턱이 없었다. 그저 '얘는 나를 미치게 하려고 이 땅에 온 것 아닌가?' 생각했다.

내가 못 만드는 이유식. 그래도 엄마가 만들어줘야 한다니까 책을 보고 낑낑대며 만들었다. 책에 나온 대로 재료, 물양을 다 맞춰서 열심히 만들었다. 내가 먹여주면 아이가 입을 크게 벌리고 다 받아먹을 줄 알았다. 하지만 아이는 먹지 않았다. 자꾸 음식을 손으로 갖고 놀았다. 버리는 게 대

193

부분이었다. 먹기를 거부하는 아이를 보면서 내 속에서 화가 부글부글 끓어올랐다. 그릇과 숟가락을 집어 던지고 싶었다. 내 안에 분노와 화가 많다는 사실에 또 놀랐다. 아이를 키우며 내 민낯을 보는 기분이었다. 내가 생각하던 엄마의 모습과 나는 너무 달랐다.

돌아보면 아이를 키우는 모든 과정은 나를 진정한 어른으로 만드는 일이었다. 내가 두 발로 서서 온전한 어른이 되어 살도록 해주는 것이었다. 육아는 늘 내 계획과 뜻대로 되지 않았다. 시간이 가면 자연스럽게 해결된다는 느긋한 마음이 필요했다. 예상하지 못한 일이 생길 때마다 주어진 상황에 맞게 하나씩 해나가면 되는 일이었다. 다른 사람의 육아 후기를 아무리 읽어도 내가 직접 경험하고 깨달아가는 것만 못했다. 내 아이의 문제를 하나씩 풀어가면서 나는 점점 자라고 있었다. 아이가 한 살, 두 살, 세 살 나이를 먹을수록 엄마 경험치도 쌓여갔다.

첫째 아이는 예정일이 지나도 세상 밖에 나올 생각을 안 했다. 나는 시간이 갈수록 불안했다. 그래서 날마다 다른 사람의 유도분만 후기를 찾아서 읽었다. 하지만 읽을 때뿐이었다. 도대체 감이 오지 않았다. 그리고 막상 내 아이를 낳을 때는 내가 도저히 상상하지 못했던 상황으로 흘러갔다.
둘째 아이를 낳을 때는 앞으로 어떤 상황이 벌어질지 눈에 그려졌다. 물론 아이를 낳고 내 몸 상태는 많이 달랐다. 첫째 아이 낳을 때보다 배도 더 아팠다. 몸 회복도 느렸다. 그래도 내 앞에 벌어지는 일에 당황하지 않았다. 한번 경험해 본 것은 두 번째 할 때 쉽게 넘어갈 수 있었다.

첫째 아이를 키우다 복직했을 때 장애를 가진 아이들을 대하는 내 태도도 바뀌었다. 아이를 낳기 전에는 아이들 똥 기저귀 처리하는 것도 힘들었다. 아이가 토하고 더러워진 자리를 치울 때도 어려웠다. 보면 내 속이 안 좋았다. 아이가 지저분하게 밥을 먹으면 이해하지 못했다.

그렇지만 아이를 낳고 보니 아이들 기저귀 가는 것은 일도 아니었다. 아이들이 실수해도 아무렇지 않게 치우고 있었다. 한 아이를 키우는 게 얼마나 힘든 일인데. 거기에 장애를 가진 아이를 돌본다는 것은 더 어렵겠다고 생각했다. 그래서 장애를 가진 아이를 키우는 부모들의 힘들고 속상한 마음을 더 깊이 이해할 수 있었다. 모든 것이 아이를 키운 경험 덕분이었다.

똑같은 아이는 하나도 없다더니. 두 아이를 키워보니 정말 그랬다. 첫째 아이와 둘째 아이는 굉장히 성향이 달랐다. 첫째 아이는 집에서 아주 많이 울었다. 특히 밤에 그렇게 울어댔다. 하지만 밖에 나가면 별로 울지 않았다. 낯가림도 없었다. 모르는 사람을 보면 방긋방긋 환하게 웃었다. 그래서 사람들이 '해보(잘 웃는 아이를 부르는 사투리)'라 불렀다.

이에 반해서 둘째 아이는 밖에 나가면 많이 울었다. 낯선 사람이 보이면 두 눈에서 눈물을 뚝뚝 흘렸다. 신생아 때부터 울면 눈에서 닭똥 같은 눈물이 나왔다. 엄마가 모르는 사람과 이야기하고 있어도 울었다. 하지만 밤엔 거의 울지 않고 잘 잤다.

이렇게 아이마다 특성이 다르기 때문에 나는 그에 맞는 방법을 찾아서 키우려고 한다. 그것도 내가 아이를 기르며 배운 것이다. 한 아이만 키웠다면 몰랐을 텐데… 내가 왜 경험하기도 전에 미리 힘들 거라고 짐작하고 둘째 아이를 안 낳겠다고 했을까 생각했다. 둘째 아이가 나에게 주는 기쁨과 배움은 더 컸다. 역시 직접 몸으로 부딪히기 전에는 알 수 없다. 내가 다시 휴직하고 첫째 아이를 홈스쿨링 하게 될 줄 누가 알았겠는가!

나는 둘째 아이를 낳고 한동안 굉장히 심한 우울감에 빠졌다. 그리고 첫째 아이에게 과하게 화를 내고 잔소리를 쏟아 내기도 했다. 하지만 돌아보면 그 모든 일은 나를 진정한 어른으로 키우는 과정이었다.

홈스쿨링을 한 덕분에 "나는 요리를 잘해요"라 외치는 아들을 키우고 있다. 둘째 아이를 낳고 심한 감정 변화를 겪으며 내 내면을 더욱 깊이 들여다보는 시간을 가지게 되었다. 아이 하나 키울 때보다 더 차갑게 변하고 독하게 내뱉는 말. 이런 모습을 고치고자 내 감정을 조절하는 연습을 한다. 내가 변해야 하는 것을 알고 다른 사람의 실수는 눈감아준다. 더불어 잔소리를 줄이려고 노력한다. 책을 읽고 하나라도 내 것으로 만들어야겠다고 다짐하고 실행한다. 그리고 지금 두 아이를 키운 이야기로 책을 쓴다. 내 삶에 일어난 변화가 놀랍다.

"가장 중요한 것은 우리가 삶으로부터 무엇을 기대하는가가 아니라 삶이 우리로부터 무엇을 기대하는가 하는 것이라는 사실을. (중략) 인생이란 이런 질문에 대한 올바른 해답을 찾고, 개개인 앞에 놓여진 과제를 수행하기 위한 책임을 떠맡는 것을 의미한다."

〈죽음의 수용소에서〉에 나온 글이다. 육아는 내가 온전한 어른으로 자라면서 내 삶을 책임지는 것을 배우는 과정이다. 바로 내 안에 아직 자라지 않은 아이를 키우는 것이다. 나는 두 아이를 기르며 때마다 생기는 문제를 해결하면서 크고 있다. 힘든 시간을 피하지 않고 온전히 감당하는 것. 내 삶은 내가 책임지는 것. 그로 인해 내가 날마다 자라는 것을 깨닫는다. 그렇게 나는 오늘도 성장하고 있다.

# 03. 좋은 엄마
## vs 나쁜 엄마

"엄마, 생각 서랍에 좀 넣어놓으세요."

바나나를 까서 건네는 나를 보더니 아이가 말했다. 벌써 아이가 몇 번째 말해주었던 것. 나는 오늘도 까먹었다. 아이는 나에게 원숭이가 먹는 것처럼 바나나를 까달라고 부탁했다. 나는 알겠다고 말했다. 하지만 나는 껍질을 그냥 다 까버렸다. 분명 아이가 얘기했는데. 바나나를 깔 때 생각나지 않았다. 아이는 이걸 왜 이렇게 깠냐며 입을 삐죽 내밀고 볼멘소리를 한다. 그러자 나는 참지 못하고 아이에게 엄한 소리를 내뱉었다.

"그러면 앞으로 네가 그렇게 까서 먹으면 될 거 아니야!"

엄마가 잊어버려서 미안하다고 하면 되는데. 엄마는 자꾸 까먹으니 네가 원하는 대로 까먹는 게 좋겠다고, 서로 기분 좋게 말했으면 얼마나 좋았을까. "바나나가 껍질이 다 없어져서 시원하대." 우스갯소리로 넘기면 되었을 텐데. 나는 꼭 아이에게 화내고 후회한다. 말은 쏟고 나면 주워 담을 수 없는데. 내 입은 참 한결같다. 머리로는 잘 알면서도 실제 행동은 정말 안 바뀐다. 한바탕 뱉어내고 나면 남는 것은 '아, 이 입을 정말 꿰매버리고 싶다'는 마음뿐이다.

나는 오늘도 아이에게 "엄마가 몇 번 말했니? 도대체 몇 번을 말해야 할래?" 하고 말한다. 왜 이렇게 내 말을 안 듣느냐며 화를 낸다. 그러고 난 뒤에 '내가 왜 그렇게 화를 냈을까? 좀 더 참을걸' 후회한다. 이 과정을 아이 키우는 내내 무한 반복한다. 난 좋은 엄마이고 싶은데. 아이에게 쏟아내는 내 말과 행동은 보니 난 나쁜 엄마다.

아이의 행동에 언제나 느긋하고 여유 있는 엄마가 되고 싶다. 어떤 상황 속에서도 마음의 평정심을 유지하고 싶다. 아이가 기가 막히는 모습을 보이더라도 의연하게 대처하고 싶다. 하지만 밖에 나가려고 준비할 때 굼벵이같이 느린 아이의 모습, 밥을 한알 한알 세면서 깨작깨작 먹는 모습을 보면 참기 어렵다. 잔소리를 또 해댄다. 그리고 나서 미안해하고 자책한다. 계속 끝나지 않는 도돌이표 노래가 따로 없다.

나는 아이에게 늘 좋은 것을 주고 싶다. 아이가 먹는 음식이 중요하다는데. 아이가 먹을 반찬도 다양하게 만들어주고 싶다. 하지만 나는 요리를 잘 못 한다. 책이나 인터넷이 없으면 만들지 못한다. 힘들게 고민하고 결정한 끝에 반찬 하나를 끙끙대고 겨우 만든다. 그리고 야심 차게 내놓는다. 그런데 아이가 맛없다고 안 먹겠단다. 내가 어떻게 만든 건데. 아이가 거부하니 화가 난다. 이럴 거면 그냥 맘 편하게 반찬가게에 가서 사올걸.

아이와 놀아주는 것이 중요하다는 것을 안다. 5분이라도 집중해서 놀아 주라고 하니 그렇게 해보려고 노력한다. 하지만 아이와 5분 동안 온전하게 집중하며 놀아주기가 왜 이렇게 힘든 걸까? 5분이 이렇게 긴 시간이었나? 내 상상 속의 다른 집 엄마들은 나보다 아이와 더 재밌게 놀아주는 것 같은데. 나만 아이와 놀아주는 게 힘든 것 같다.

아이에게 책을 원하는 만큼 밤늦게까지 읽어주라고 한다. 하지만 그게 어디 쉬운가? 3권만 넘어가도 그만 읽어주고 싶다. 내 몸이 피곤하니 그냥 자고 싶을 뿐이다. 그래서 오늘은 여기까지만 읽고 자자고 말한다. 아이는 그래도 읽어달라고 한다. 하지만 도저히 못 읽어주겠다. 결국 아이와 실랑이를 하다가 잠든다. 잠든 아이를 보고 있자니 원하는 만큼 해주지 못했다는 생각에 미안한 마음만 남는다.

아이에게 여러 가지 체험을 하게 해주면 좋다고 한다. 나도 아이를 데리고 여기저기 다니고 싶다. 그래서 갈 곳을 알아본다. 하지만 막상 주말이 되니 가기 귀찮다. 남편도 없이 혼자 아이를 데리고 다녀야 하는데. '주말이면 사람도 많을 거 아니야. 에이, 다음에 가지 뭐' 하고 그냥 주저앉는다. 그러다 지인 SNS에 올라온 아이를 데리고 여행을 갔다는 글을 읽는다. 나는 못 해주고 있는 건데. 갑자기 내가 작아진다. 바쁜 남편이 원망스럽다.

주변을 돌아보면 다른 엄마는 나보다 아이를 더 잘 키우는 것 같다. 나는 아이에게 해주는 게 없는 것 같은데…. 옆집 엄마는 아이에게 너무나 친절하고 사랑 많은 엄마로 보인다. 화도 내지 않을 것 같다. 그에 비해 내 안에는 사랑이 너무 없다. '난 모성애가 없는 엄마인가?' 생각한다. 내가 한없이 초라하다. 좋은 엄마가 되는 건 왜 이렇게 힘든 걸까? 나는 늘 부족한 엄마에 나쁜 엄마인 것 같다.

하지만 따지고 보면 완벽하게 좋은 엄마는 이 세상에 없다. 내가 만든 상상 속에만 있을 뿐이다. 내가 부러워하는 옆집 엄마 또한 아이에게 미안한 마음이 한 가득이다. 결국 내가 나를 힘들게 하는 것이다. 내가 생각하는 좋은 엄마 기준에 미치지 못하면 나는 나쁜 엄마로 바뀐다. 그리고 내 안에 죄책감만 키운다.

좋은 엄마의 기준은 누가 만든 것일까? 바로 내가 만들어 놓은 것이다. 내가 '좋은 엄마는 이래야 해'라며 틀을 만든다. 그리고 거기에 맞지 않으면 스스로 나는 좋은 엄마가 아니라고 생각한다. 하지만 내가 만든 기준은 너무 높다. 따르기 어려운 게 대부분이다.

사실 나를 힘들게 하는 것은 환경, 남편, 아이가 아니다. 문제의 본질로 깊게 들어가 보면 바로 내가 나를 공격하고 있다. 바로 나 스스로가 나를 '나쁜 엄마'라고 정하고 채찍질하는 것이다.

그럼 좋은 엄마란 무엇일까? 먼저 내가 완벽하지 않음을 받아들이는 엄마이다. 그리고 더 나은 사람이 되기 위해서 계속 공부하고 수시로 자신을 반성하고 조금씩 바꿔가는 사람이다. 몸과 마음을 건강하게 가꾸며 엄마로 성장해 나가는 것이다.

'에이 좀 못하면 어때? 다시 하면 되지.' 생각하고 툭툭 털고 일어나 다시 해본다. 아무리 내가 부족하고 못난 엄마라는 생각이 올라와도 '괜찮아. 충분해' 하며 있는 그대로 나를 사랑한다. 그리고 나를 작게 만드는 '나쁜 엄마'라는 생각에서 조금씩 벗어나기 위해 노력한다.

갑자기 화날 수 있다. 화나는 감정도 있는 그대로 받아들인다. 그렇지만 거기에만 계속 머무르지 않는다. 내가 화났을 때 건강하게 해결하는 방법을 연습한다. 나는 언제 화가 잘 나는지 가만히 내 안을 살펴본다.

나는 몸과 마음이 지쳤을 때 아이에게 화풀이를 많이 했다. 피곤할 때 꼭 말로 실수하거나 행동이 과격해졌다. 그리고 일이 이미 벌어진 뒤에 미안하다는 생각과 죄책감으로 후회했다. 이런 상황을 계속 되풀이하면서 자꾸 내가 부족하다고 생각했다. 엄마의 화가 아이를 망친다는데, 내가 아이를 망쳐버릴 것 같았다.

그런데 그 생각에 자꾸 머무르면 바뀌는 것은 없다. '피곤하다 → 화가 난다 → 후회하고 자책한다'의 고리를 뫼비우스 띠처럼 반복할 뿐이다. 이제는 화난 감정을 건강하게 가라앉히는 데 집중한다. 그러기 위해서 내 감정과 체력을 조절하고 회복할 수 있는 활동을 한다. 체력이 다 바닥나기 전에 미리 채워주는 것이다.

우리는 모두 충분히 좋은 엄마다. 좋은 엄마, 나쁜 엄마 둘로 딱 나눠서 나를 그 안에 넣지 말자. 내 안에는 좋은 점이 더 많다. 사람마다 잘할 수 있는 것도 다르다. 그렇기 때문에 이제는 내가 잘할 수 있는 것에 집중한다. 나만의 기술을 갈고 닦아서 내 수준을 높이는 것이다. 다른 엄마와 비교해서 나는 나쁜 엄마라고 할 필요가 없다. 내 할 일에 시간을 쓰면서 실력을 갈고닦으면 된다.

그리고 '괜찮아, 잘하고 있어' 하고 토닥여주는 '나를 사랑하는 10분'을 갖는 것이다. 그 시간 동안에는 감사일기 쓰고 감사기도하기, 아무것도 안 하고 편안하게 누워서 숨 깊게 들이마시고 내쉬기, 물건 버리기, 조용히 차 마시기를 골라서 한다. 하루 24시간 중에 10분을 떼서 온전히 나를 챙기기. 지금 바로 시작해보면 어떨까? 우리는 지금도 충분히 좋은 사람이고 좋은 엄마다.

# 04. 행복한 엄마의 시간 리모델링, 미라클모닝과 미라클나잇

새벽 4시. 휴대폰 알람 소리를 듣고 자리에서 일어난다. 먼저 아이들이 잘 자는지 살핀다. 새근새근 잠든 얼굴. 두 아이의 자는 모습을 보니 웃음이 나온다. 기지개를 켜고 거실에 나온다. 검은 안개 같은 어둠 속을 걸어가서 불을 켠다. 물 한 잔을 마신다.

의자에 앉는다. 잠시 눈을 감고 감사기도를 드린다. 오늘 하루도 나 홀로 조용하게 시작하게 해주심에 감사하다. 마음이 평화롭다. 내 안에 기쁨, 행복, 감사로 가득 채우고 오늘 할 일을 하나씩 한다.

입에는 오일을 머금고(오일풀링) 휴대폰 타이머를 15분에 맞춘다. 박경리의 〈토지〉를 집중해서 읽는다. 내 눈에 띈 문장 중에서 한 개를 골라서 필사한다. 한 글자 한 글자 꾹꾹 눌러쓴다. 마지막으로 오늘 드는 생각을 짧게 다른 색 볼펜으로 적는다. 아침 20분이 눈 깜짝할 사이에 지나간다.

컴퓨터 앞에 앉는다. 오늘 쓸 주제로 글을 쓴다. 하고 나니 2시간이 훌쩍

하루 15분, 내 아이 행복한 홈스쿨링

지나간다. 마음이 후련하다. 자리에 앉아서 글만 썼더니 몸이 찌뿌둥하다.

유튜브를 켠다. '홈짐'을 시작한다. 오늘은 〈낸시 홈짐〉 책에 나온 10일 차를 운동한다. 짧은 시간 몰입해서 한다. 끝나니 숨이 차고 땀이 난다. 개운하다. 힘들어서 포기하고 싶지만 오늘도 해냈다는 생각에 뿌듯하다.

그렇게 나만의 아침 시간을 보내고 난 뒤에 다시 쉰다. 아이들이 일어나기 전에 체력을 모은다. 내가 좋아하는 일로 아침을 채우니 정말 행복하다. 하루를 낭비하지 않는 기분이다. 소중한 나를 찾는 시간. 몰입하고 집중해서 보낸 뒤에 아이들 돌보기에 힘쓴다. 오늘도 나 자신이 사랑스럽다. 아침마다 책을 읽고 글쓰기와 운동을 꾸준하게 하다니. 정말 놀랍다. 자신감이 차오른다.

육아는 힘들다. 하지만 그보다 나를 더 답답하게 만드는 것은 '나만의 온전한 시간'이 없다는 것이다. 따로 시간을 내지 않으면 하루가 금방 지나간다. 엄마로서 해야 할 일을 하는 것만으로도 하루가 짧기 때문이다. 그렇게 아이만 키우다 보면 어느새 나는 없다. 모든 시간을 아이에게만 관심을 쏟다 보면 지금 내가 뭐 하는 건가 싶다. 우울하다. 그렇기 때문에 나를 온전하게 돌보고 성장하는 '황금 시간'을 찾아야 한다. 그리고 나를 위한 활동을 하는 것이다.

요즘 미라클모닝의 열기가 뜨겁다. 미라클모닝은 아침을 '기적의 시간'으로 바꾸는 것이다. 아침 4~5시에 일찍 일어난다. 그 시간에 내가 성장할 수 있는 활동을 한다. 성공한 사람들은 아침 일찍 일어나서 자신만의 규칙을 가지고 자기관리를 한다. 그러다 보니 미라클모닝을 위한 모임도 있다. 혼자서 계속하기 힘드니 함께 하면서 나를 바꾼다.

그렇지만 어린아이를 키우다 보면 미라클모닝이 어디 쉬운가? 늦게 자는 아이를 키우는 경우 새벽 1~2시에 잘 때가 수도 없다. 또한 밤에 잘 깨는 아이를 데리고 있다면 잠이라도 좀 푹 잤으면 소원이 없겠다고 생각한다. 그러니 어떻게 4시나 5시에 일어나서 하루를 시작한단 말인가? 더구나 나는 밤에 집중이 더 잘 되고 좋은 생각이 마구 솟아오르는데. 남들이 다 미라클모닝을 한다고 나도 그래야 할까?

나는 그렇지 않다고 생각한다. '미라클모닝'에서 말하는 핵심은 나를 성장시키기 위한 시간으로 아침 시간을 쓰는 것이다. 아무도 찾지 않는 아주 고요한 시간. 그때 책을 읽거나 운동을 하거나 글을 쓴다. 생산성 있는 활동을 하며 시간을 보낸다. 이를 꾸준하게 해내면서 바로 '나를 이기는 삶'을 사는 연습을 한다.

나는 어린 아기들을 키우는 엄마들에게는 핵심을 가져와서 시간만 바꾼 '마리클나잇'도 좋은 방법이라고 생각한다. 아이들이 다 잠든 조용한 시간을 소중한 나를 위한 '마법의 황금 시간'으로 바꾼다. 그때 온전히 나를 위해 1~2시간을 보내는 것이다.

어떤 아이들은 새벽에 자주 깨고 칭얼거린다. 아이가 자다가 깨서 엄마를 찾거나 울면 집중하기 어렵다. 하지만 대부분의 아이는 막 잠든 뒤에는 잘 깨지 않는다. 그래서 밤에 나를 위한 시간을 보내면 된다.

여기서 중요한 것을 그 시간을 헛되이 쓰지 않는 것이다. 이를 위해서 나를 곧게 세울 좋은 습관 만들기를 연습한다. 많은 이들이 스트레스를 풀

하루 15분, 내 아이 행복한 홈스쿨링

기 위해서 드라마 몰아 보기, 웹툰 보기, 게임 하기, 다른 사람의 SNS 구경하기 등을 한다. 하지만 이런 활동들은 그 순간만 즐거울 뿐이다. 이렇게 하루를 보내다 보면 1년 뒤에도 지금과 같은 자리에 머무를 수밖에 없다. 지금보다 더 나아지려면 다른 행동을 해야 한다. 나를 발전시키는 좋은 활동을 꾸준히 하면서 건강한 성장을 해나가는 것이다. 그럼 엄마가 아닌 나로 보내는 시간을 어떻게 쓰면 좋을까?

## ★ 엄마가 아닌 '나'로 건강한 시간 보내기 ★

### 1. 나에게 맞는 시간을 정한다

가장 먼저 내가 '아침형 인간'인지, '올빼미형 인간'인지 살핀다. 내 신체 리듬과 생활을 돌아본다. 나는 언제 집중이 잘 되는가? 활력이 넘치고 생각이 솟아오르는 시간은 언제인가? 내 아이의 생활 모습은 어떤가? 여기에서 옳은 답은 없다. 철저하게 '나'에게만 집중한다. 그렇게 나만의 황금 시간을 찾는다. 그리고 '미라클모닝'을 할지 '미라클나잇'을 할지 정한다. 아침이든 저녁이든 1~2시간 동안 나를 위해 온전하게 쓸 수 있는 때로 선택한다.

### 2. 꾸준하게 할 일을 한 개 정한다

시간을 정했으면 습관으로 만들 활동을 선택한다. 그리고 한 문장으로 만든다.

"나는 아침(저녁) 아이가 잠자고 있을 때 책(무엇)을 20분 동안 집중해서 읽는다."

'책을 읽고 글로 기록한다, 운동한다, 블로그에 글을 쓴다, 영어 문장을 외운다'처럼 습관으로 만들면 좋은 일 한 개를 고른다. 내 마음이 가장 원하는 일부터 시작한다. 특히 그동안 하고 싶었는데 아이를 핑계로 하지 못했던 일부터 하나씩 해나간다.

### 3. 4주 동안 20회 이상 도전한다

4주 동안 20회 이상을 목표로 잡고 시작한다. 일주일에 빠짐없이 하려다가 하루라도 못하면 '나는 해도 안 되나 봐' 하고 포기할 수 있다. 그러니 최소 기준을 잡는다. 그리고 실패하더라도 다시 해야지 하는 마음을 갖고 계속 도전한다. 정한 시간 동안 타이머를 맞추고 한 가지 일을 하는 것에 집중한다.

같은 목표를 가진 사람들과 함께하면 더욱 좋다. 혼자서는 작심삼일로 끝나는 일도 같이 하면 끝까지 할 수 있기 때문이다. 그리고 다른 사람도 내 목표를 알 수 있도록 개인 SNS에 올린다. 누가 나를 보고 있다고 생각하면 더 잘해낼 수 있다.

### 4. 나에게 선물을 준다

시작하기 전에 이번 달에는 나에게 무슨 선물을 줄지 정한다. 4주간 20회 이상을 해내고 나면 바로 보상한다. 잘한 나를 크게 칭찬한다. 한 달 동안 꾸준하게 해냈다면 한 가지 좋은 습관이 내 생활에 자리 잡은 것과 같다.

'누구 때문에 나는 이것을 하지 못한다'는 생각은 나의 성장을 가로막는다. 그리고 나도 모르게 그 사람에게 원망이 생기기 마련이다. 특히 아이 때문에 나는 남들보다 뒤처지고 있다는 생각은 좋지 않다. 그런 생각 속에 소중한 나를 버려두지 말아야 한다.

엄마가 행복하면 아이도 행복하다. 그렇기에 우리에게는 나를 행복하게 만들 시간이 필요하다. 내 시간을 리모델링하는 것이다. 하루 중에 나에게 온전하게 집중하고 성장할 수 있는 시간을 만들어보자. 지금 바로 미라클모닝이나 미라클나잇을 정하고 나를 세우는 활동을 하면 어떨까? 날마다 조금씩 성장하다 보면 1년 뒤에는 지금보다 더 나은 나를 만날 것이다.

# 05. 헬스장 갈 시간에
# 끝내는 홈짐

운동하기 전, 물을 한잔 마신다. 그리고 큰 컵에 물을 가득 따라놓는다. 운동복으로 갈아입는다. 무릎에는 무릎보호대를 찬다. 운동화를 신는다. 요가 매트를 깐다. 오늘 운동 준비 끝. 유튜브 채널에서 '낸시 홈짐'을 켠다. "안녕하세요. 낸시입니다."

동영상에서 들려오는 경쾌한 목소리. 군더더기 없는 운동 자세. 탄탄한 몸. 50살이라 말하지만 보이는 것은 30대의 몸이다. 보면 볼수록 대단하다. 나도 저렇게 나이 먹고 싶다는 생각이 저절로 올라온다. 홈짐 만으로 만든 몸이라니. 나에게도 희망이 있다.

운동을 하니 30분이 흘렀다. 헬스장에 도착해서 '이제 운동해야지' 하는 시간에 운동이 끝났다. 아이를 키우며 운동할 짬 내기 어려운 나에게 딱 좋은 양이었다. 마음먹고 움직이면 하루 30분 운동을 할 수 있었다.

낸시 홈짐은 운동 강도가 강력하다. 하고 나면 땀이 나고 숨이 찬다. 시

하루 15분, 내 아이 행복한 홈스쿨링

간이 지나면서 근육통도 온다. 처음에는 "10분~20분 운동해서 근육통이 온다고? 말도 안 돼" 할 수 있다. 하지만 해보면 효과를 바로 체험한다. 낸시 홈짐은 시간은 짧게, 운동 강도는 강하게 하는 고강도 인터벌트레이닝 이다. 그래서 어떤 날은 운동을 마치고 나서 한참 땀이 나기도 한다.

나는 둘째 아이를 낳고 극심한 감정 변화를 경험했다. 두 아이를 보고 있으면 감사했다. 처음 첫째 아이 키울 때와 달리 마음의 여유도 생겼다. 둘째 아이는 신기하게 무슨 모습을 보여주든지 사랑스러웠다. '아, 이래서 내리사랑이라는 건가?' 싶었다. 하지만 아이가 예쁘면 예쁠수록 나는 더 우울했다. 이게 산후우울증인가? 그런데 첫째 때 겪은 것과 달랐다.

특별히 무슨 문제가 있는 것도 아니었다. 그렇지만 시간이 갈수록 내 안에 감정이 무섭게 소용돌이쳤다. '행복하다', '우울하다'는 마음이 하루에도 수십 번 왔다 갔다 했다. 울적할 때는 지하 100층까지 내려가 있는 기분이었다. 내가 왜 이러지? 내가 나를 감당하기 힘들었다. 나는 당황스러웠다. '내가 이러면 안 되지' 하고 마음을 다잡아도 하루에 여러 번 갑자기 찾아오는 우울한 마음을 어찌할 수 없었다.

뭐라도 해야겠다고 생각했다. 이렇게 나를 그냥 두면 두 아이를 못 키울 것 같았다. 마음이 울적할 때는 몸을 움직이는 게 최고였다. 그래서 아이 낳기 전에 배우던 요가를 혼자 몇 번 했다. 하지만 그것도 할 때뿐이었다. 이건 아니다 싶어서 다른 방법을 찾기 시작했다. 그러다 지인의 블로그에서 우연히 '낸시 홈짐'을 알게 되었다.

바로 '낸시 홈짐' 블로그에 들어갔다. 글을 읽는데 웃음이 나왔다. 상황은 유쾌하지 않지만 삶을 긍정으로 이끌어가는 모습을 보고 크게 감동하였다. 그리고 아이를 낳고 심각한 산후우울증에 빠졌다가 운동을 통해서 극복했다는 이야기를 읽었다. '그래, 바로 이거야. 지금 나에게 필요한 것은 이 운동이야'라고 생각했다. 그리고 그때 마침 진행되던 '인생개조 프로젝트 8주 운동'을 따라서 하게 되었다. 2018년 4월 말. 나는 그렇게 낸시 홈짐에 발을 들여놓았다.

나는 그동안 운동 한 가지를 길게 한 적이 없다. 나는 운동을 안 좋아한다. 내 몸은 날렵하지 않고 운동 감각이 없다. 그러다 보니 운동 잘하는 사람들을 보면 부럽다. 나는 운동을 잘 못 한다. 하지만 이상하게 운동을 안 하면 비슷한 뭐라도 계속해야 할 것 같다.

'이번에는 꼭 해낼 거야. 몸을 탄탄하게 만들 거야.' 굳게 다짐하고 3개월로 등록한 헬스장. 한 달도 다니지 못했다. 헬스장은 재미가 없어서 그런가 싶어서 다른 운동을 찾았다. 유연한 몸을 보니 나도 그렇게 되고 싶었다. 그래서 기구를 써서 하는 필라테스를 골랐다. 헬스장보다 비쌌다. 나는 돈을 더 냈으니까 잘 다닐 줄 알았다. 하지만 집에서 너무 멀었다. 결국, 한 달도 못 다니고 그만뒀다.

같이 일하는 선생님이 수영을 하러 다니자고 그랬다. 귀가 솔깃했다. 함께 새벽반에 등록했다. 아무리 배운 대로 물장구를 쳐도 앞으로 잘 나가지 않았다. 그러다 보니 늘 절반은 걸어서 갔다. 그래도 같이 하는 동료가 있으니 3개월까지 어떻게든 했다. 그렇지만 해도 늘 제자리인 것 같은 내 수영 실력은 너무 스트레스였다. 그래서 그만두었다.

'이번에는 돈을 들이지 않아도 할 수 있는 운동을 해봐야겠다'고 생각했다. 그래서 아침 조깅을 선택했다. 집 가까운 곳에 천변 공원이 있었다. 아침에 나가면 그곳을 달리는 사람들이 많았다. 한 사람이 나를 보더니 달리는 방법도 가르쳐주셨다. 두 바퀴를 돌고 땀이 나는 데 기분이 좋았다. 그래서 2달 동안 달렸다. 그런데 곧 추운 겨울이 왔다. 아침에 깜깜하고 너무 추우니 나가기 싫었다. 그렇게 아침 조깅도 끝났다.

첫째 아이를 낳고 운동을 하나 배우고 싶었다. 무리하지 않는 선에서 할 수 있는 운동으로 요가가 좋겠다고 생각했다. 저녁반도 있었다. 그래서 저녁에 아이를 남편에게 맡기고 나가기로 했다. 하지만 아이가 자꾸 나를 찾았다. 어떤 날은 남편이 늦게 들어왔다. 그렇게 하루, 이틀 빠지다 보니 더 이상 안 가게 되었다. 이 또한 한 달을 넘기지 못했다.

직장에 복직하고 보니 학교 안에서 일주일에 2일 요가를 배울 수 있었다. 어디 가지 않아도 되니 하고 싶었다. 2일 정도는 어린이집에서 아이를 좀 늦게 찾아도 괜찮겠다고 여겼다. 그래서 3월에 바로 시작했다. 그렇지만 웬걸. 아이가 너무 자주 아팠다. 조퇴하는 날이 더 많았다. 결국 요가도 하지 못하게 되었다.

둘째 아이를 낳기 전까지 나는 어떤 운동도 꾸준하게 하지 못했다. 하지만 낸시 홈짐을 보니 이건 할 수 있겠다 싶었다. 무엇보다 집에서 유튜브 동영상만 틀면 되었다. 준비물도 별로 없었다. 거의 맨몸으로 운동하고 어쩌다 덤벨과 의자를 썼다. 내 몸만 있으면 할 수 있는 운동이었다. 동작도 어렵지 않았다. 날렵한 운동신경이 필요하지 않았다.

나는 낸시 홈짐에 있는 프로그램을 하나씩 해나갔다. 처음에는 '인생개조 프로젝트 8주 운동'을 했다. 8주보다 더 걸렸지만 내가 한 가지 과정을 3달 가까이 했다는 사실에 기뻤다. 나에게는 기적과 같았다. 다음으로 '비키니 9주 과정'을 했다. 이것도 9주보다 더 걸렸지만 해냈다. 어느새 6개월이 넘어가고 1년 가까이 낸시 홈짐으로 운동하고 있다.

운동하면서 식이요법이 있다는 것도 배웠다. 다이어트가 효과를 제대로 보려면 운동 20:음식 80 비율로 가야 한다는 것을 배웠다. 나는 임신하면서 찐 살을 빼고 싶었다. 그래서 내가 할 수 있는 쉬운 것만 골라서 했다.
아침에 일어나서 오일풀링(오일을 20분간 입안에 머금고 있기), 레몬에이드 디톡스(물 한잔에 레몬 반 개 짜서 마시기)를 했다. 식단은 흰 탄수화물(흰 쌀, 흰 밀가루, 흰 설탕 따위) 줄이기, 물 2ℓ 이상 마시기, 저녁 7시 이후로 먹지 않기, 채소와 단백질량 늘리기를 했다. 그러자 변화는 놀라웠다. 6kg이 빠졌고 몸 여기저기에 없던 근육이 보이기 시작했다. 임신 때 쪘던 살이 다 빠진 것은 물론 처녀 적보다 더 가벼운 몸무게를 갖게 되었다. 낸시 홈짐과 아주 쉬운 식단관리를 했을 뿐인데. 체력은 더 좋아졌고 몸은 예뻐졌다. 나도 해낼 수 있다는 자신감이 생겼다. 두 아이를 돌보는 일에 덜 지쳤다. 몸이 건강하니 극심한 감정의 변화가 와도 견딜 수 있었다. 육아도 결국 건강한 몸과 체력이 뒷받침되어야 잘해낼 수 있는 일이었다.

낸시는 말한다. "가랑비에 옷 적시듯 운동을 했어요. 세상에서 가장 중요한 것, 가장 지켜야 하는 것은 바로 나 자신이고 나의 건강이라는 것을 잊지 마세요." 나도 홈지머(집에서 운동하는 사람)로 평생어터(평생 운동하는 사람)가 되어야겠다고 다짐한다. 그래서 내가 50살이 되었을 때 지금보다 더 좋은 체력과 군더더기 없는 몸매를 갖길 바란다.

동기부여가로 유명한 구본형은 말했다. "우리는 어떤 일을 할 수 없는 이유를 합리화하기 위해 수많은 변명을 지어낸다. 그중 으뜸이 '바쁘다'다. 너무 바빠서 어떤 일을 못 하겠다는 말은 그 일이 별로 중요하지 않다는 뜻이다." 사실 우리는 바빠서 하지 않는 게 아니라 하기 싫어서 바쁘다는 핑계를 대는 것이다.

건강은 건강할 때 지켜야 한다. 소중한 내 몸을 함부로 대하면 안 된다. 오늘 가벼운 스트레칭부터 시작하면 어떨까? 그리고 집에서 애 키우며 운동할 수 있는 홈 트레이닝을 함께 하는 것이다. 나에게 맞는 유튜브 영상을 찾아서 하나씩 해보면 된다. 그러다 보면 내 체력은 점점 좋아지고 아이 키우는 힘도 생긴다. 결국 나를 더 사랑하게 된다.

# 06. 삶이 달라지지 않는
# 독서는 시간 낭비다

타이머를 15분에 맞춘다. 나는 박경리의 〈토지〉 책을 펼친다. 세상 고요한 새벽 시간에 〈토지〉를 읽기 시작한다. 아무도 나를 찾지 않는 이 시간. 몰입해서 읽는다. 읽다가 내 머리를 때리는 문장, 정말 멋진 표현이라는 생각이 드는 문장, 이건 기록하고 싶다는 문장을 표시한다. 어느새 알람이 울린다. 15분이 금방 지나간다. 이제 내가 표시한 문장을 하나씩 빠르게 살펴본다. 그리고 마지막까지 내 마음을 울린 문장 한 개를 고른다.

토지 필사 공책을 편다. 몇 일차, 읽은 쪽수, 장 제목을 적는다. 그리고 표시한 문장을 보고 한 글자씩 천천히 또박또박 집중해서 쓴다. 쓰면서 띄어쓰기를 자세히 살펴본다. 내가 아는 대로 쓰다 보면 꼭 한 군데를 틀린다. 그러면 다시 고쳐서 쓴다. 그리고 다른 색 볼펜을 든다. 내가 몰랐던 단어의 뜻을 찾아 쓴다. 오늘 읽으면서 떠오른 생각을 적는다. 읽고 필사하고 내 생각을 짧게 적는 과정을 날마다 반복한다.

나는 2018년 12월부터 달마다 블로그로 사람들을 모아서 〈토지〉 책을 읽기 시작했다. 〈토지〉를 15분 동안 집중해서 읽고 한 문장을 필사하는 것이다. 이를 토지 필사 공책에 날마다 기록한다. 그리고 오늘 쓴 부분을 사진 찍어서 공유한다. 서로 생각을 짧게 나눈다. 나와 다른 필사 문장. 서로 다른 생각들. 하나씩 공유하다 보면 한 권의 책이 굉장히 풍성해진다.

함께 하는 힘은 엄청나다. 나는 며칠 읽고 포기할 줄 알았던 〈토지〉 책을 4개월째 읽는다. 날마다 15분 읽고 필사하기를 4개월째 꾸준하게 하는 것이다. 같이 하는 사람들도 자신의 속도대로 책을 읽고 필사한다. 함께 하면서 10주 만에 토지 21권을 완독한 사람도 나왔다. 혼자 하면 포기하는 일도 같이하면 끝까지 해낼 수 있다.

책 한 권이 큰 변화를 가져올 수 있다는 것을 깨닫게 해준 책이 있다. 〈하루 15분 정리의 힘〉이다. 이 책은 하루에 15분 동안 내 주변을 하나씩 정리하면서 일어나는 삶의 변화를 말한다. 나는 책을 읽고 처음으로 정리라는 것을 제대로 생각하게 되었다. 가장 크게 알게 된 것은 안 쓰는 물건을 버릴 수 있다는 것이었다.

정리가 어려운 이유는 내가 가진 물건이 너무 많기 때문이었다. 내가 정리를 못 하는 게 아니었다. 정리할 공간보다 물건이 더 많기 때문에 정리가 안 되는 것이었다. 그래서 나는 필요 없는 물건을 버리거나 주변에 나누어주었다. 늘 지저분하던 내 책상을 닦기 시작했다. 책상 서랍에는 꼭 필요한 물건만 두었다. 내 책상을 보면 사람들이 우스갯소리로 말했다. 오늘 내가 왔는지 알 수 있다고. 그 정도로 정신없던 내 책상이었는데. 이제는 깔끔하고 깨끗한 책상으로 바뀌었다. 신기한 일이었다.

그렇지만 지저분하게 늘어놓는 예전 습관으로 돌아가기는 참 쉬웠다. 나는 혼자서 꾸준하게 가기는 힘들겠다고 생각했다. 그래서 '정리력 카페'에서 진행하는 '100일 정리 페스티벌'에 참가했다. 이 과정은 100일 동안 정해진 주제에 따라서 주변을 날마다 정리하는 것이었다. 나는 2016년과 2017년 2년 동안 한 번씩 참가해서 두 번 성공했다.

100일 동안 정리를 하고 나면 집에는 내가 좋아하는 물건만 남기기 쉬웠다. 그리고 하루에 15분 아주 간단하게 할 수 있는 활동들로 이루어져 있어서 어렵지 않았다. 그렇게 하다 보니 어느새 정리하기가 편해졌다. 나는 정리를 재미있다고 느끼게 되었다. 덕분에 두 아이를 키우는 집이지만 아이들 물건이 집을 다 차지하지 않는 삶을 산다.

이렇게 삶이 변화한 것은 내가 책을 읽고 실천했기 때문이다. 책을 읽고 바로 행동으로 옮겼을 때 내 변화는 놀랍다. 책은 그동안 내가 잘하지 못했던 일도 할 수 있게 만들어준다. 삶의 변화가 일어나려면 내가 깨달은 것을 행동으로 옮겨야 한다.

둘째 아이를 낳고 변화무쌍한 감정을 경험하면서 나는 변하고 싶었다. 지금처럼 한없이 흔들리고 나약한 사람으로 살고 싶지 않았다. 내 안의 연약함을 강하게 만들고 싶었다. 그래서 책을 제대로 읽어야겠다고 마음먹었다. 나는 책을 읽고 성장하고 싶었다. 그리하여 온라인에서 이루어지는 독서모임에 참여했다.

나는 주마다 한 권의 책을 읽으면서 블로그에 서평을 썼다. 그전에도 서평을 쓰기는 했지만 간단하게 기록으로 남기는 정도였다. 하지만 독서모임을 하면서 어떻게 책을 읽고 서평을 쓰면 좋을지 배웠다. 바로 '생각하고 실천하는 책 읽기'였다.

　나는 그동안 책을 읽으면서 늘 작가의 말을 그대로 받아들였다. 책을 냈다는 것 자체가 나에게 굉장히 존경스러웠다. 그래서 그 속에서 글쓴이가 하는 말은 다 맞다고 생각했다. 그러다 보니 비판하면서 책 읽기를 하지 않았다. 하지만 작가도 사람이었다. 그 사람의 말이 맞을 수도 있고 틀릴 수도 있는 것이다. 그 말이 정말 내가 따를 수 있는 말인지를 생각하는 것이 중요했다. 그 사람이 무슨 말을 하고 있는지 알기 위해서 집중해서 읽었다.

　책을 읽으면서 각 장마다 중요하다고 생각하는 문장을 표시했다. 책을 다 읽고 난 뒤에는 표시한 문장만 다시 읽었다. 그러면 책의 전체 흐름이 잡혔다. 그리고 이 책에서 말하는 중심 내용은 무엇인지 내 말로 정리했다. 그리고 마지막에는 내가 정말 실천해야 할 것 한 가지를 정했다. 이 모든 결과를 가지고 블로그에 서평을 썼다. 그러자 책의 내용이 머릿속에 그려졌다. 그리고 내가 연습해야 할 일을 정확하게 기억할 수 있었다. 그러면 생활 속에서 하나씩 직접 해보기가 쉬웠다. 책만 읽고 덮는 것에서 끝나지 않았다. 책에 있는 내용 중에서 내 삶에 필요한 부분을 내 것으로 만드는 생활을 하게 된 것이다.

　어떤 이는 책을 읽고 나면 남는 것이 없다고 말한다. 누군가 "그 책은 어떤 책이야?"라고 질문하면 그것을 모르는 사람에게 잘 이야기해줄 수 있을까? 나는 한 권의 책을 읽는다면 그 책의 내용을 내 말로 바꿔서 설명할 수 있어야 한다고 생각한다. 그리고 내가 어떤 부분을 배우고 실천으로 옮기고 있는지까지 가야 책 읽기가 완성된다고 본다. 그래야 책이 내 삶에서 살아 움직이고 나는 성장한다. 그렇기에 한 권의 책을 읽으면 꼭 서평을 남기려고 한다.

서평 쓰기가 좋다는 건 알지만 자꾸 안 하게 되는 경우가 많다. 그럴 때는 나를 강제로 쓰게 하는 방법도 있다. 바로 서평단에 지원하는 것이다. 출판사마다 블로그를 운영한다. 여기에는 새 책이 나올 때 서평단을 모은다. 그리고 기수를 정해서 일정 기간 서포터즈를 뽑기도 한다. 내가 좋아하는 책을 많이 발간하는 출판사가 있다면 거기에서 운영하는 블로그에 찾아가 보자. 그리고 서포터즈나 서평단 모집을 할 때 도전해보는 것이다. 그러면 따끈한 신간을 새 책으로 받을 수 있다. 더불어 서평 쓰기 과제까지 있으니 더없이 좋다.

처음 서평을 쓸 때 어떻게 쓰면 좋을지 막막할 것이다. 정답은 없지만 들어가면 좋을 내용은 다음과 같다.

'책 목차, 글쓴이 소개, 책 속에서 내가 기억하고 싶은 문장, 내 생각, 내가 실천할 한 가지, 책의 중심 내용을 한 문장으로 표현하기.'

책 한 권마다 너무 많은 것을 쓰려고 하다 보면 벅찰 수 있다. 그러면 어느새 안 하게 된다. 내가 쉽게 할 수 있는 방법으로 가야 한다. 그래야 꾸준하게 한다. 나에게 맞는 아주 쉬운 방법으로 글을 써보는 것이다. '책에서 정말 기억하고 싶은 한 문장 고르기, 책 내용을 한 문장으로 정리하기, 내가 실천할 한 가지 정하기.' 세 가지만 써놔도 이 책이 어떤 내용인지 떠오른다. 그리고 그 뒤에 내가 실천할 한 가지만 꾸준하게 실천해도 내 삶은 바뀔 수 있다.

하루 15분, 내 아이 행복한 홈스쿨링

조선시대 실학자 홍대용은 말했다. "앎을 먼저 구하고 그다음에 실천하는 것, 이는 동서고금의 공통된 이치다. 그렇기는 하나 반을 알았으면 반드시 그 반을 실천해야 하는 것이다." 책은 나를 성장하게 만드는 도구다. 그러려면 단순하게 재미를 위해서 읽는 책 읽기를 뛰어넘어야 한다. 책을 읽고 내 말로 바꿔서 글을 쓴다. 그리고 내가 할 수 있는 한 가지를 꾸준하게 실천한다. '실천독서'는 내 삶을 풍성하게 만들고 나를 변화시키는 좋은 방법이다. 오늘 책을 읽고 그 속에서 내가 바로 실천할 수 있는 한 가지에 바로 도전해보면 어떨까?

# 07. 행복한 엄마,
# 상처받은 내면아이와 화해하기

발그스레한 두 볼. 통통한 손과 발. 뒤뚱뒤뚱 걷는 뒷모습. 모든 것이 사랑스러운 21개월 여자아이가 있다. 아이는 할머니 등 뒤에 업혀서 집에 간다. 손에는 과자 한 봉지를 들고. 오늘도 아이는 엄마를 찾아서 운다. 아무리 울어도 엄마는 보이지 않는다. 할머니는 우는 아이를 등에 업고 20분넘게 걸어서 작은 가게로 간다. 아이를 달래며 먹을 것을 사준다. 그러면서 아이에게 말한다. "아가 울지 마라. 엄마 오면 혼내주자."

40여 일 만에 만난 엄마. 아이는 아주 오랜만에 엄마를 만나서 반갑다. 가만히 보니 엄마 옆에는 아주 작은 남자아기가 누워있다. 엄마는 늘 그 어린 아기를 챙긴다. 수시로 아이에게 젖을 물린다. 아이는 어린 동생이 밉다. 그래서 젖을 먹는 동생 발가락을 깨문다. 아기가 젖을 먹다가 말고 자지러지게 운다. 아이는 엄마에게 호되게 혼난다. 내가 울면 나를 달래주던 할머니가 보고 싶다. 하지만 이번에는 할머니가 없다.

엄마에게 버림받은 기분이 들었던 아이는 바로 나였다. 우리 엄마는 그 시대에 흔치 않게 산후조리를 했다. 그것도 40일씩이나. 그래서 어린 나를 시골 할머니 집에 맡겼다. 그때만 해도 집마다 전화가 없었다. 서로 연락하려면 마을 회관에 가야 했다. 그러니 나는 엄마가 보고 싶을 때 엄마의 목소리도 들을 수 없었다. 이제 겨우 21개월 된 아이였는데. 엄마는 동생이 태어나면 어떤 일이 생길지 나에게 설명하지 않았다. 나는 아무런 말도 듣지 못한 채 할머니 집에 40일 동안 맡겨진 것이었다.

나는 엄마에게 버림받았다고 생각했다. 그래서 다시는 누군가에게 버림받고 싶지 않았다. 어릴 때 울고 떼쓰면 누구 하나 받아주지 않았다. 나는 사랑받고 싶은데. 그러려면 울지 않고 말썽 피우지 않는 착한 아이가 되어야 했다. 그래서 나는 착한 딸이 되려고 노력했다. 그래야 다시는 버림받지 않을 것 같았다.


내 어린 시절을 떠올리면 행복한 기억이 별로 없다. 학창시절 동안 나는 늘 어두웠다. 내가 고등학생일 때 한 친구가 나에게 말했다. "넌 왜 웃는 얼굴이 우는 얼굴이야?" 난 정말 재밌어서 깔깔대고 웃은 거였다. 그런데 다른 사람에겐 우는 모습으로 보였다니. 난 충격받았다. 그때 알았다. 내가 웃어도 웃는 얼굴이 아니라는 것을.

20살. 대학생이 되어 나는 밝은 사람으로 살고 싶었다. 그래서 웃는 연습을 했다. 안 돼도 자꾸 하다 보니 내 얼굴이 바뀌었다. 나는 어느새 환하게 웃고 있었다. 다른 사람에게 내 웃는 모습이 예쁘다는 말도 들었다.


나는 둘째 아이를 낳기 전까지 정말이지 엄마가 싫었다. 엄마의 차갑고 냉정한 태도. 엄마 기분에 따라 나에게 쏟아 내는 거친 말. 모두 다 싫었다. 엄마는 내가 어린 시절에 힘든 일이 있으면 첫째인 나에게 말했다. 어디 하소연할 곳이 없으니 속상한 일도 나에게 털어놨다. 어느새 엄마는 나에게 엄마의 짐을 지우고 있었다.

그것은 어린아이에게 너무 무거운 일이었다. 하지만 나는 그것을 당연하게 받아들였다. 오히려 힘들어하는 엄마를 내가 지켜줘야 한다고 생각했다. 그렇지만 나는 자랄수록 엄마가 싫고 그 곁을 떠나고 싶었다. 그러면서 엄마를 걱정했다. 이러지도 못하고 저러지도 못했다.

나도 모르고 있던 마음. 내 깊은 곳에 꼭꼭 숨겨두었던 해결하지 못한 내면의 문제들이 둘째 아이를 낳고 터져 나왔다. 홍수가 나서 둑이 무너져 마을이 잠겨버리듯이. 걷잡을 수 없는 감정의 큰물이 나를 덮어버렸다. 그 속에서 나는 숨쉴 수 없었다. 특히 울적한 마음이 한없이 올라올 때는 정신을 차리기 힘들었다. 나는 우울의 바닷속에 빠져서 허우적대는 기분이었다.

그러면서 둘째 아이에게 질투를 느꼈다. 첫째 아이는 남자고 모든 것이 처음이라 돌보는 일만으로도 버거웠다. 그런데 나와 성별이 같은 딸을 키우게 되자 달랐다. 나는 아이에게 묘한 감정을 느꼈다. 내가 아이의 모든 상황을 샘내고 있었다. 그러면서 첫째 아이에게 내 안에 묵혀있던 화를 풀고 있었다.

어느 날 첫째 아이가 말했다. "엄마가 화 좀 내지 않았으면 좋겠어요." 나는 큰 충격을 받았다. 언제나 아이를 편안하게 해주는 엄마가 되고 싶었는데…. 실제 내 모습은 내가 생각했던 멋진 엄마상과 거리가 멀었다.

'내가 왜 이렇게 아이를 차갑게 대하는 거지?' 곰곰이 생각해보니 내가 어릴 적 느꼈던 엄마의 이미지가 내 모습에 겹쳐졌다. 둘째 아이를 키우는 새로운 상황 속에 놓이자 내가 그렇게 싫어했던 엄마의 모습이 나에게 나타났다. 내가 너무 피하고 싶었던 엄마의 모습이었다. 나는 엄마와 다르게 아이를 키우고 싶었다. 그런데 어느새 엄마와 닮아가는 내 모습에 크게 실망했다.


'죄책감, 좌절, 우울하다'는 감정이 내 안에서 계속 일어났다. 이렇게 가다가는 내가 죽을 것 같았다. 나는 더 이상 이 굴레 속에서 살고 싶지 않았다. 내가 그렇게 싫어했던 엄마의 모습으로 아이를 키우고 싶지 않았다. 내 아이에게 모성의 역할을 대물림하고 후회하고 싶지 않았다.

나는 나를 사랑하는 여행을 떠나야겠다고 마음먹었다. 나는 나를 사랑하지 않았다. 그러다 보니 주변 사람이 나를 사랑해주는 것이 중요했다. 특히 엄마에게 사랑받고 싶었다. 그래서 착한 아이로 살려고 노력했다. 하지만 엄마에게 오는 반응은 '나는 사랑받고 있지 않다'는 생각을 하게 만들 뿐이었다.

버림받기 싫어서, 사랑받고 싶어서 하는 행동은 건강한 삶의 조건이 아니었다. 나는 진정한 나로 살고 싶었다. 그래서 토요일마다 카페에 가서 내 안에 있는 나와 더 깊은 대화를 나누었다.

내 내면을 살펴보자 내가 왜 그렇게 다른 사람에게 거절하기를 어려워했는지 보였다. 누군가에게 버림받고 싶지 않다는 생각에서 비롯된 것이었다. 심지어는 남편에게조차 버림받고 싶지 않다는 마음으로 살았다는 것

225

을 알았다. 나는 버림받고 싶지 않아서 떨고 있는 내면 아이에게 손을 내밀었다. 그 아이에게 '괜찮다'고 말해주기 시작했다.

　내가 진정한 어른으로 살려면 내 내면아이를 온전히 끌어안아야 했다. 그 아이를 내 삶 속에 있는 그대로 껴안는 과정이 필요한 것이었다. 그래야 나는 존재만으로 사랑스럽다는 말을 사실로 받아들일 수 있었다. 여기까지 오는 동안 마음이 굉장히 힘들었다. 돌아보면 이 모든 것은 둘째 아이 덕분에 경험한 것이다. 둘째 아이는 내 마음을 건강하게 회복시키기 위해 이 세상에 온 귀한 선물이었다. 둘째 아이를 낳지 않았다면 알 수 없었을 일이었다.
　나는 이제 엄마가 나에게 잘못한 과거도 있는 그대로 받아들인다. 너무 가난하고 외롭게 두 아이를 키운 엄마. 엄마는 나를 사랑했지만 제대로 표현하는 법을 몰랐다. 힘든 상황에서 도망가지 않고 아이 키우는 일을 한 것이 엄마의 최선이었다. 지금은 그 시기를 견딘 엄마에게 고맙다.

　내 삶은 내가 책임지고 산다. 누군가에게 버림받고 싶지 않아서 착한 사람으로 살려고 했던 모습은 뒤로한다. 그리고 내가 정말 행복하다고 느끼는 '성장'을 위해 한 발자국씩 나가기로 다짐한다. 나는 나와 주변 사람에게 좋은 것을 나눔으로 건강하게 자라기를 원한다. 일상에서 행복을 느끼고 내 꿈을 향해 나가는 삶. 이를 위해 내 주변 사람들과 함께 성장하고 싶다. 그것은 지금 내가 모든 일을 하는 이유이다.

"결국 즐겁고 행복한 날은 특별히 멋진 일이나 놀라운 일이나 가슴 두근거리는
일이 일어나는 날이 아니라, 진주가 한 알씩 살그머니 실에서 미끄러져 내리듯
단순하고 조그만 기쁨을 잇달아 가져오는 하루하루를 말하는 것 같아요."
- 〈빨간 머리 앤〉 중


　내가 좋아하는 〈빨간 머리 앤〉에 나오는 이야기다. 나는 날마다 조금씩
발전하며 진주를 발견해가는 하루를 보낸다. 살아있음에 감사와 행복을
느낀다. 있는 그대로 소중하고 귀한 나에게 내 목소리로 들려준다.


"사랑해. 나는 있는 그대로 충분히 사랑스러워. 나를 응원해.
그러니까 괜찮아. 나는 너를 버리지 않아. 우리 함께 걷자."

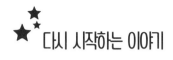
## 다시 시작하는 이야기

한 남자를 사랑했다. 그와 함께라면 어디를 가든 좋았다. 만나서 보내는 몇 시간은 몇 분처럼 짧았다. 날마다 밤늦게까지 통화해도 늘 할 말이 넘쳤다. 전화 끊기가 아쉬웠다. 이렇게 헤어지기 싫었다. 보고 또 봐도 보고 싶었다. 그래서 그 사람을 만난 지 6개월 만에 결혼했다. 내가 왜 그랬을까.

아이를 보면 사랑스러웠다. 웃는 소리, 새근새근 잠자는 소리. 듣기만 해도 기분이 좋았다. 결혼했으니 아이가 있으면 좋겠다고 생각했다. 귀여운 아기가 집에 있는 모습을 상상하면 행복했다. 얼마나 예쁠까? 그래서 결혼한 지 6개월 만에 임신을 했다. 나는 무슨 생각을 한 걸까.


한 남자와 가정을 이루며 사는 것이 이렇게 힘들 줄이야. 두 사람이 한 공간에서 사이좋게 살기 위해서 참고 이해해야 하는 것이 이토록 많을 줄이야. 알고 있었다면 나는 결혼을 선택했을까?

아이 키우는 일이 자유로운 내 날개를 꺾고 나를 한 곳에 묶어놓는 일이었다니. 아이 돌보는 일로 내 생활이 전혀 없는 시간을 보내게 될 줄 몰랐다. 아이가 어릴수록 엄마 껍딱지가 되어서 고목나무에 매미 붙어있는 생활을 반복하는 거였다니. 하루 종일 아이를 돌보며 온몸에 근육통이 찾아오고 다크써클이 발밑까지 내려오는 생활을 하게 될 줄 몰랐다. 알고 있었다면 과연 아이를 낳을 수 있었을까?

　아무것도 경험한 적이 없어서 정말 몰랐다. 책, 드라마, 영화로 했던 간접 경험은 내 삶이 아니었다. 그랬다. 몰라서 용감했다. 미쳐서 결혼했다. 잘 알았다면 선뜻 그곳으로 발을 내딛지 못했을 것이다. 하지만 해보지 않으면 평생 알 수 없는 세계다.

　내가 결혼하지 않았다면 나와 너무 다른 환경에서 30년 넘게 산 남자를 이해할 수 있었을까? 내가 아이를 키우지 않았다면 한 아이를 기르는 일이 얼마나 많은 사랑과 인내가 필요한 일인지 알았을까? 무엇보다 나의 부모님을 이해하지 못하고 부모님에게 서운하고 미웠던 감정만 키워나갔겠지. 돌아보면 결혼과 육아 모두 내가 한 선택이었다. 그리고 그 두 가지는 나를 진정한 어른으로 자라도록 만들어주었다.

　결혼생활과 육아가 힘들 때는 언제일까? 바로 내가 나를 공격할 때다. '나는 왜 이렇게 부족한 걸까? 나는 왜 이것도 못하는 걸까? 다른 사람은 다 잘하는 것 같은데. 나는 왜 이것밖에 안 되는 걸까?' 이런 생각이 나를 힘들게 했다. 나부터 내 편이 아니었다. 나 스스로 높은 기준을 만들고 거기에 다다르지 못하면 자신을 무섭게 채찍질했다. 내 마음은 아파서 울고 있었다. 하지만 위로해주지 않았다. 토닥여주지 않았다. 못 본 척했다. 그럴수록 더 잘해야 한다며 나를 몰아세웠다. 그러다 보니 자꾸 지쳤다. 넘어졌다. 외로웠다.

　이제는 그 모습을 버린다. 나는 온전히 내 편이 되기로 한다. 내가 먼저 나를 응원한다. 내가 하려고 하는 일은 무조건 지지한다. 그리고 내가 나에게 크게 말해준다. "괜찮아!"

부족해도 괜찮다. 모자라도 괜찮다. 실수해도 괜찮다. 몰라도 괜찮다. 그저 있는 존재만으로도 귀하고 소중하다. 한없이 흔들리는 내가 육아를 하면서 가장 듣고 싶었던 말이었다. "괜찮다"고, "그래도 된다"고.

육아는 내 안에 있는 아이, 나를 키우는 일이었다. 결국 내가 나를 잘 키워야 내 아이도 잘 기를 수 있다. 아이 키우는 일에만 머무르던 시선을 나에게로 돌리니 육아의 진정한 의미를 알 수 있었다.

나는 이제 나를 잘 키우기 위해서 산다. 내가 하려고 했던 일의 결과가 좋지 않아도 된다. 잘하지 않아도 된다. 나를 바꾸고 건강하게 성장하려는 발걸음. 그것을 내 속도에 맞게 한 발자국씩 내디뎠다면 그것으로 충분하다. 사랑하는 내 몸을 움직여서 나를 키우는 일을 하나씩 해본다. '나중에, 내일, 다음에'는 없다. 지금이 바로 내가 할 수 있는 일을 하면서 몸을 움직일 때다. 그리고 날마다 조금씩 당당한 나로 살아가는 힘을 기른다.

"즐거움을 추구하지 말라.
대신 자신이 하는 모든 일에서 즐거움을 찾아라."

톨스토이가 한 말처럼, 나는 육아를 하면서 나를 키우는 즐거움을 알아간다. 어린 시절 소풍 때 숨겨진 보물을 찾는 시간을 보낸다. 보물보다 더 반짝이고 귀한 나를 찾는다. 내가 나와 함께 하는 즐거운 시간을 보낸다.

오늘은 내가 성장할 수 있는 가장 좋은 날이다.

하루 15분,
# 내 아이
# 행복한
# 홈스쿨링

**펴낸날** 2019년 6월 12일
**2쇄 펴낸날** 2019년 7월 10일

**지은이** 지에스더
**펴낸이** 주계수 | **편집책임** 이슬기 | **꾸민이** 유민정

**펴낸곳** 밥북 | **출판등록** 제 2014-000085 호
**주소** 서울시 마포구 양화로 59 화승리버스텔 303호
**전화** 02-6925-0370 | **팩스** 02-6925-0380
**홈페이지** www.bobbook.co.kr | **이메일** bobbook@hanmail.net

© 지에스더, 2019.
ISBN 979-11-5858-555-6 (13590)

※ 이 도서의 국립중앙도서관 출판시도서목록(CIP)은 e-CIP 홈페이지(http://www.nl.go.kr/ cip)에서 이용하실 수 있습니다. (CIP 2019020360)